过渡金属磷（硫/硒）基
纳米材料的有效制备
及其在电化学领域的应用

孙　立　赵　楠　著

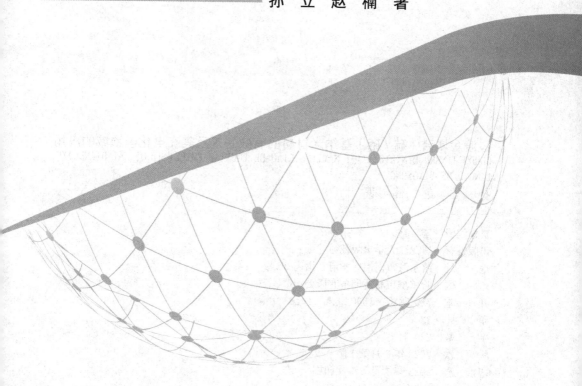

黑龙江大学出版社
HEILONGJIANG UNIVERSITY PRESS

哈尔滨

图书在版编目（CIP）数据

过渡金属磷（硫／硒）基纳米材料的有效制备及其在
电化学领域的应用 / 孙立，赵楠著 . -- 哈尔滨：黑龙
江大学出版社，2023.7
　　ISBN 978-7-5686-0981-4

　　Ⅰ．①过… Ⅱ．①孙… ②赵… Ⅲ．①过渡元素－纳
米材料－材料制备－研究②过渡元素－纳米材料－电化学
－研究 Ⅳ．① TB383

　　中国国家版本馆 CIP 数据核字（2023）第 069143 号

过渡金属磷（硫／硒）基纳米材料的有效制备及其在电化学领域的应用
GUODU JINSHU LIN(LIU/XI) JI NAMI CAILIAO DE YOUXIAO ZHIBEI JI QI ZAI DIANHUAXUE
LINGYU DE YINGYONG
孙　立　赵　楠　著

责任编辑　李　卉
出版发行　黑龙江大学出版社
地　　址　哈尔滨市南岗区学府三道街 36 号
印　　刷　哈尔滨市石桥印务有限公司
开　　本　720 毫米 ×1000 毫米　1/16
印　　张　13
字　　数　220 千
版　　次　2023 年 7 月第 1 版
印　　次　2023 年 7 月第 1 次印刷
书　　号　ISBN 978-7-5686-0981-4
定　　价　52.00 元

前　言

　　一段时间以来,传统化石能源遭到过度开采;在此背景下清洁可再生能源的开发和存储受到人们的广泛关注,研发新型多功能能源材料成为当前科研工作者探究的目标。在众多能源材料中,过渡金属磷(硫/硒)基纳米材料因其独特的理化性能、类贵金属的结构性质等特点已在超级电容器、电催化分解水和钠离子电池等电化学领域被认为是最有潜力的多功能电极材料。本书共 8 章。第 1 章和第 2 章主要介绍了过渡金属磷(硫/硒)基纳米材料的结构、制备方法、应用领域、表征手段以及电化学性能测试技术,其余6 章为笔者近年来在该领域取得的一些研究性成果。本书具体的研究内容如下。

　　第一,超薄二维片层材料具有较大的比表面积,其在电化学过程中可以暴露出更多的活性位点。笔者首先通过溶剂热反应合成出由纳米片组装的空心 Co-乙二醇聚合体(Co-EG-10 前驱体)。随后通过可控低温磷化处理,最终形成了由 CoP 纳米片构建的多孔空心微球(HCPS)。合成的 HCPS 具有较大的比电容、优良的倍率性能和超长的循环寿命。此外,由 HCPS 和 B、N 掺杂石墨碳(BNGC)组装的非对称电容器(ASC)展示了卓越的稳定性、较高的功率密度和能量密度。

　　第二,具有独特微观结构的 NiFe 磷基纳米材料具有出色的电催化性能。笔者以高导电性的还原氧化石墨烯为基底,通过一步水热法原位生长出立方体状 NiFe-P 与还原氧化石墨烯的复合前驱体。经低温磷化处理后得到NiFe-P/RGO 纳米电催化材料。结构表征和电化学性能测试结果表明,高活性 NiFe-P 与高导电性石墨烯的复合有效防止了立方状 NiFe-P 的聚集,从而大大增加了催化剂的电化学比表面积,并极大地加强了传质传荷能力,从本质上提升了材料的电化学活性。

第三，笔者通过原位法将 Zn 元素植入到 FeNi-LDH 中，低温磷化处理后得到 Zn 植入 NiFe-P 超薄纳米片阵列。Zn 的植入实现了催化剂形貌和电子结构的同步可控调节，从而使所得电催化剂在碱性条件下展示出杰出的双功能电催化活性，同时该电极材料具有出色的稳定性能。

第四，微观形貌设计和含氮碳包覆是提升过渡金属磷（硫/硒）基纳米电极材料电化学性能行之有效的方法。笔者通过水热-煅烧-硫化工艺合成出 $SnSe_{0.5}S_{0.5}$@N-C 微米花电极材料。其中，$SnSe_{0.5}S_{0.5}$ 纳米片组装的微米花结构能够提供更多的储钠活性位点，SnSe 和 SnS 异质结构的协同作用可以提供更多的电化学活性位点，氮碳包覆可以有效抵制电极材料在电化学反应过程中的体积变化。

第五，笔者通过原位液相沉淀-硫-硒化热解法合成了具有独特二维结构的 CoSeS@MXene 复合电极材料。其中，二维片层结构为电极材料提供了较大的钠离子接触面积和较强的传质传荷能力，CoSe 与 CoS 异质结构使 CoSeS@MXene 复合电极材料具有优异的储钠性能。

第六，笔者以 ZIF-8 六面体为前驱体，在二维氧化石墨烯片层上制备出 ZIF-8 衍生的 ZnSeS@RGO 复合电极材料。结构表征和电化学性能测试结果表明，二维氧化石墨烯片层的引入大幅度提升了电极材料的导电性，ZnSe 与 ZnS 异质结的有效复合使 ZnSeS@RGO 复合电极材料暴露更大的电化学比表面积，从本质上提升了电极材料的储钠特性。因此，ZnSeS@RGO 复合电极材料表现出较大的可逆比容量、优良的倍率性能和较好的循环稳定性。

本书由孙立和赵楠老师共同编写。其中，第 1 章到第 5 章及部分辅文内容由孙立老师负责撰写，共计 14 万字；第 6 章到第 8 章及部分辅文内容由赵楠老师负责撰写，共计 8 万字。

虽然在本书编写过程中我们竭尽所能，但是由于时间和水平有限，书中难免存在疏漏之处，敬请各位读者批评指正！

目 录

第1章 绪 论

1.1 引 言

21世纪以来,全球经济和现代科技的快速发展以及煤、石油和天然气等传统化石燃料的过度消耗,不仅引起了世界的能源危机,也迫使人类面临全球变暖、河流及土壤酸化等环境问题。因此,解决能源与环境这两大问题现已成为全球关注的焦点。近年来,人们急需寻找可再生清洁能源以实现人类社会的可持续发展。最新发布的能源消耗统计数据显示,到2022年为止,全球能源消耗接近77%来自传统化石能源。而太阳能、风能、潮汐能和氢能等可再生清洁能源仅占消耗能源总量的23%。可再生清洁能源利用率占比低的主要原因是受限于天气、地点和季节等自然因素影响,需要依靠高效稳定的清洁能源技术才能被有效利用。

目前,为了实现可再生清洁能源的可持续利用和碳中和的目标,与其相关的可再生清洁能源技术逐步崭露头角。可再生清洁能源技术包括超级电容器、电催化分解水、锂/钠/钾离子电池和燃料电池等能够将可再生清洁能源转化成可随时利用的能量的技术。因此说,发展清洁能源技术是解决当前能源与环境两大问题的重要方法之一。在众多新型清洁能源技术中,超级电容器、电催化分解水和钠离子电池得到科研工作者的重视。电极材料的研发是上述可再生清洁能源技术的核心部分。因此,探究高效稳定和价格低廉的新型多功能电极材料是一项非常重要和有意义的工作。

过渡金属(硫/硒)磷基纳米材料作为一类新型非贵金属多功能电极材料,因具有独特的物理和化学性质、低廉的价格、优良的导电性和类贵金属

— 1 —

的电子结构,已在超级电容器、电催化制氢和钠离子电池等电化学领域广泛
应用。但是,目前研究的过渡金属磷（硫/硒）基纳米材料的电化学性能仍无
法满足工业上对能量转化的需求。鉴于此,从本质上提升过渡金属磷
（硫/硒）基纳米电极材料的本征电化学性能是十分必要的。可以通过调控
电极材料的微观形貌、组分、异质结构和电子结构等提高电极材料本征电化
学性能。简言之,开发具有较好本征电化学性能的过渡金属磷（硫/硒）基纳
米材料是促进新型可再生清洁能源发展的关键因素之一。

1.2　过渡金属磷（硫/硒）基纳米材料的研究发展

1.2.1　过渡金属磷基纳米材料

在各种多功能电极材料中,过渡金属磷化物可以看作是磷（P）和过渡金
属（Fe、Co、Ni、V、Mo 和 Sn 等）的化合物。几乎所有的过渡金属元素都可以
被磷化形成相应的过渡金属磷化物。它为 n 型半导体,是一类新型多功能
电极材料。众所周知,P 元素最外层有 5 个电子,其中 3s 轨道上有 2 个电
子,3p 轨道上有 3 个电子且均为单电子,同时还具有 5 个全空的 3d 轨道,这
种独特的电子结构使其具有活泼的性质,所以能与大多数过渡金属生成过
渡金属磷化物。此外,与 C 原子（0.071 nm）和 N 原子（0.065 nm）相比,P 原
子具有更大的半径（0.109 nm）,因此具有更大的电负性。与过渡金属结合
时,会以填充的方式进入金属原子晶格,从而形成不同的晶格结构。过渡金
属磷化物可以用通式 M_xP_y（M 为过渡金属）表示。根据 M 与 P 物质的量比
的不同,过渡金属磷化物可以分为富金属（$x>y$）、单磷（$x=y$）和富磷（$x<y$）三
大类。

电极材料的合成策略在调控纳米材料微观结构、相组成和颗粒大小中
起到关键性作用,从而实现电化学性能的优化。随着纳米科学的发展,各种
环境友好、价格低廉、可大规模生产的过渡金属磷化物被制备出来,作为电
极材料广泛应用于电化学领域。当前,过渡金属磷化物的主要合成方法包
括液相反应法、固相反应法、后处理法和电沉积法。

1.2.2 过渡金属硫基纳米材料

过渡金属硫化物作为一类新型电极材料在电化学领域得到广泛关注。过渡金属硫化物根据其微观结构可分为层状结构和非层状结构两大类。非层状过渡金属硫化物可分为黄铁矿结构和白铁矿结构,两种结构均为金属原子和S原子以八面体构型结合。在层状结构中,一层金属原子与两层S原子结合形成类三明治结构,而层与层间则通过较弱的范德瓦耳斯力连接,因而其很容易剥离成单层过渡金属硫化物。过渡金属硫化物常见的三种物相为1T、2H和3R。其中,1T相代表过渡金属配位为八面体构型,而2H相和3R相代表过渡金属配位为三棱柱构型。一般来说,2H相和3R相的过渡金属硫化合物具有半导体性,而1T相的过渡金属硫化物具有优良的金属导电性,可以实现电荷的快速传递。基于此,1T相的过渡金属硫化物具有更优异的电容特性、电催化析氢和析氧活性及更好的碱金属离子电池存储性能。由于过渡金属硫化物具有不同的物相,当前已经有很多方法可以合成出具有不同微观结构和物相的过渡金属硫化物。其中具有代表性的合成方法包括水热/溶剂热法、喷涂法和硫化煅烧方法。

1.2.3 过渡金属硒基纳米材料

过渡金属硒化物是过渡金属元素(Fe、Co、Ni、V、Mo和Sn等)与硒(Se)元素合成的化合物。过渡金属硒化物中的金属键与其他同族金属化合物相比,结合能力较弱,有利于电化学转化反应。近年来报道的过渡金属硒基纳米材料在超级电容器、电催化分解水和钠离子电池等电化学领域表现出优异的电化学性能。基于此,科研工作者致力于研发具有独特微观形貌和电子结构的过渡金属硒基纳米材料。当前过渡金属硒基纳米材料典型的合成方法包括水热/溶剂热法、液相剥离法、静电纺丝法和固态反应法。

1.3　过渡金属磷（硫/硒）基纳米材料
在超级电容器中的研究

1.3.1　超级电容器简介

　　超级电容器的发展经历了漫长的过程。实际上超级电容器的发展过程是人们对电荷存储机理研究的过程。1745 年，德国人 Kleist 设计出最原始的电容器。当时的电容器仅由两块金属片、水、玻璃罐和导线构成。在充电过程中，正负电荷分别聚集在相应的电极上，从而产生电能。1853 年，Helmholtz 研究了电容器中的电荷储存机理，并构建出第一个双电层模型。1957 年，Becker 以活性炭为正负电极生产出第一个双电层电容器，其能量可与电池的能量相媲美。1978 年，人们首次将双电层电容器商业化量产。我国在 20 世纪 80 年代开始研发和大规模生产超级电容器。目前商业化电容器仍然以碳材料作为主要的电极材料。

1.3.2　超级电容器储能机理和分类

　　超级电容器根据电荷的存储机理可以分为三类，分别为双电层电容器、赝电容器和混合型超级电容器。不同类型电容器具体的储能机制如下。

1.3.2.1　双电层电容器（EDLC）

　　双电层电容器主要是利用电解液离子在电极材料表面通过吸附-解吸过程实现正负电荷均匀排布，存储和释放能量的一类新型储能装置。目前，EDLC 是原理最简单并且已经大规模商业化生产的超级电容器。其最主要的特点是在能量存储过程中不发生氧化还原反应。因此，EDLC 具有优异的稳定性，但其本征比电容较低。EDLC 的电极材料以大比表面积的碳材料为主，包括活性炭、碳气凝胶、碳纳米管、石墨烯等。

1.3.2.2　赝电容器

　　赝电容器与 EDLC 的存储机理不同。它主要是通过在电极材料表面发生可逆电化学反应存储电荷的。在充电过程中,电解液离子在外加电场作用下从电解液中扩散到电极的近表面进行快速氧化还原反应,产生电荷。在放电过程中,这些电解液离子又会从电极表面返回到电解液中,在完成电化学反应的同时将存储的电荷通过赝电容器的外电路释放出来,产生能量。

1.3.2.3 混合型超级电容器

混合型超级电容器又叫作非对称电容器,它是以 EDLC 的电极材料为负极材料、赝电容器电极材料为正极材料组装成的一类新型超级电容器。在充放电过程中同时存在吸附解—吸过程和可逆电化学反应。因此,这类电容器的性能一般介于 EDLC 和赝电容器之间。

1.3.3 过渡金属磷(硫/硒)基纳米材料在超级电容器中的应用

在超级电容器中,电极材料对超级电容器器件的电化学性能起到关键作用。研发具有大比电容、高稳定性、高功率密度和能量密度的电极材料是十分必要的。到目前为止,人们已经开发出多种低成本、高效稳定的非贵金属电极材料用于超级电容器。其中,过渡金属基纳米电极材料表现出巨大的潜力,尤其是过渡金属磷(硫/硒)基纳米材料。

过渡金属磷化物与过渡金属氢氧化物/氧化物相比具有更大的导电性、更高的理论比电容且更稳定,因此成为超级电容器中最有前途的电极材料。人们已经研究出了很多具有优异性能的过渡金属磷化物电极材料,并将其应用于超级电容器中。在各种金属磷化物中,Ni-Co 基过渡金属磷化物具有较大的理论比电容和优良的导电性,从而被视为优异的超级电容器材料应用于储能领域,并且显著提升了电化学性能。电化学反应机理见式(1-1)和(1-2)。Ni 和 Co 的协同作用促进了氧化还原反应,从而增大了材料的比电容。

$$NiCoP + 2OH^- \longleftrightarrow CoP_xOH + NiP_{1-x}OH + 2e^- \qquad (1-1)$$

$$CoP_xOH + OH^- \longleftrightarrow CoP_xO + H_2O + e^- \qquad (1-2)$$

Liang 等人通过简单的低温水热法在碳纸上原位生长出 NiCoP 纳米片。由图 1-1(a)和图 1-1(b)可以看出,NiCoP 纳米片均匀地生长在碳纸上。通过测试可知,NiCoP 纳米片的电阻率为 1.1×10^3 μΩ·cm,优于相同条件下制备的 CoP(2.7×10^3 μΩ·cm)和 Ni₂P(4.1×10^3 μΩ·cm)的电阻率,如图 1-1(c)所示。无论在结构上还是导电性方面,NiCoP 纳米片作为超级电容器电极材料均展示出高的比电容,如图 1-1(d)所示。Zhang 课题组在碳纤维上原位生长出 $Ni_xCo_{1-x}P$ 并且将其作为非对称超级电容器的正极材料。他们发现,在过渡金属磷化物中 Co 与 Ni 的比例对电容器的电容性能有很大影响。$Ni_{0.1}Co_{0.9}P$ 在电流密度为 5 A·g⁻¹ 时比电容为 3514 F·g⁻¹。说明过渡金属 Ni 起到了活化作用,过渡金属 Co 起到提高材料本征导电性的作用。

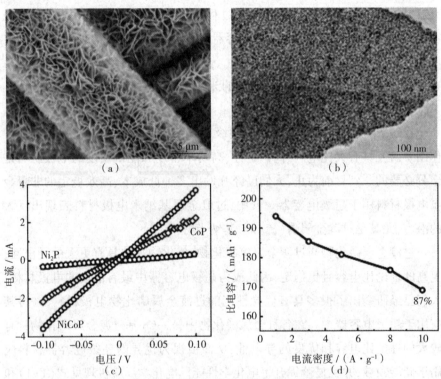

图 1-1　(a)NiCoP 纳米片的 SEM 图;(b)NiCoP 纳米片的 TEM 图;

(c)NiCoP、CoP 和 Ni₂P 的电流-电压图;

(d)在不同电流密度下 NiCoP 纳米片的比电容保留率

过渡金属硫化物由于其较高的理论比电容、优良的导电性、较强的耐腐蚀性和可逆的电化学氧化还原能力已被广泛应用于电化学领域。常用的过渡金属硫化物纳米材料包括硫化锰、硫化钴、硫化镍、硫化铁及其复合物。

在过渡金属硫化物纳米材料中,价态丰富的硫化钴(包括 CoS、CoS$_2$、Co$_9$S$_8$ 和 Co$_4$S$_3$)作为低成本且高活性的电极材料广泛应用于超级电容器中。图 1-2(a)为 CoS/N-CD 电极材料的比电容随电流密度变化图。由图可知,CoS/N-CD 电极材料在电流密度为 1 A·g^{-1} 时的比电容为 717 F·g^{-1}。当电流密度提高到 20 A·g^{-1} 时,其比电容仍为 469 F·g^{-1}。CoS/N-CD 电极材料在 10000 次恒流充放电循环后仍具有优异的循环稳定性,如图 1-2(b)所示。Deng 等人制备的碳纳米管与"蛋黄壳"结构 NiCo$_2$S$_4$(NCS/CNT)的复合电极材料也展示出较高的比电容和优良的倍率特性,如图 1-2(c)和图 1-2(d)所示。综上所述,通过对过渡金属硫化物微观结构和导电性进行精准调控可实现电容特性的大幅度提升。

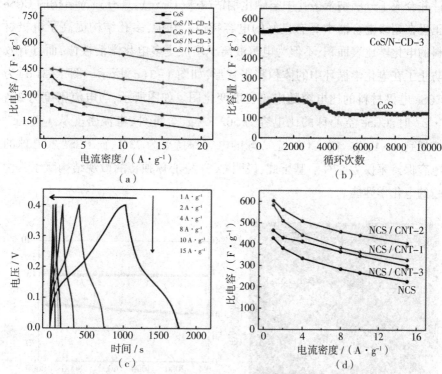

图 1-2 CoS/N-CD 电极材料的(a)比电容随电流密度变化图和(b)循环 10000 次的稳定性图;
NCS/CNT 复合电极材料的(c)恒流充放电曲线和(d)比电容随电流密度变化图

结构决定性质,性质反映结构。Se 与 S 均为ⅥA 族元素,相似的电子结构使它们具有相似的物理化学性质。与过渡金属硫基纳米材料相比,具有更合适 d 电子构型的过渡金属硒基纳米材料在超级电容器领域成为科研工作者关注的焦点。当前，已经报道的用于超级电容器电极材料的硒化物主要包括硒化镍、硒化钴、硒化铁等。其中，二元过渡金属硒化物能够通过金属与金属的协同作用增加电极材料的电化学活性位，进而提升材料的电化学活性。例如，Wang 课题组通过离子交换法制备出 Ni-Co-Se 纳米线与导电碳布（Ni-Co-Se 纳米线/NPCC）的复合电极材料。从图 1-3（a）可以看出，超细的 Ni-Co-Se 纳米线均匀地原位生长在导电碳布上。Ni-Co-Se 纳米线/NPCC 复合电极材料展示出优异的电化学稳定性，如图 1-3（b）所示。在经过 10000 次恒流充放电循环后，其比电容稳定增加到 120%，并且库仑效率几乎达到 100%。Moosavifard 等人也首次通过简单的自模板方法成功设计并合成了分层纳米多孔中空硒化铜钴微球（CCSe），具有独特结构的 CCSe 正极在超级电容器中具有良好的电容特性。其中，多孔结构提高了电极材料的电化学比表面积，不但为电解液离子增加更多电化学活性位，而且有效防止了在电化学循环中的体积膨胀变形，如图 1-3（c）所示。图 1-3（d）为 CCSe 电极材料的比电容随电流密度变化图。如图所示，当电流密度为 2 A·g^{-1} 时，CCSe 空心球的比电容为 562 F·g^{-1}。此外，电流密度从 1 A·g^{-1} 增加到 60 A·g^{-1} 时，CCSe 空心球的电容保持率为 73%，而 CCSe 实心球的电容保持率仅为 57%。基于此，说明 CCSe 空心球独特的微观结构赋予其优越的电化学性能。

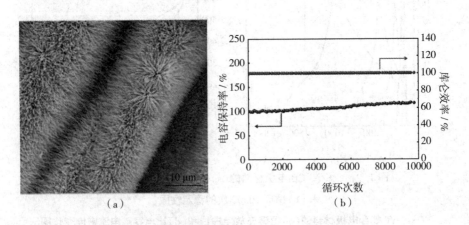

（a）　（b）

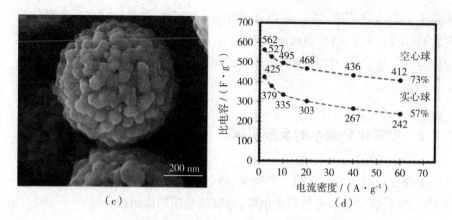

（c）　　　　　　　　　　　　　　　（d）

图 1-3　（a）Ni-Co-Se 纳米线/NPCC 复合电极材料的 SEM 图；
（b）Ni-Co-Se 纳米线/NPCC 复合电极材料的循环稳定性-库仑效率图；
（c）CCSe 电极材料的 SEM 图；
（d）CCSe 空心球和 CCSe 实心球电极材料的比电容随电流密度变化图

1.4　过渡金属磷（硫/硒）基纳米材料
在电催化分解水中的研究

1.4.1　电催化分解水简介

目前,工业制氢主要有三种方式:煤炭气化转化、甲烷蒸汽重整和电催化分解水。其中煤炭气化转化和甲烷蒸汽重整是工业上主要的制氢方式,但是这两种方式在制备氢气的同时又会带来新的环境污染,并且氢气内含有杂质。相比之下,电催化分解水制氢由于资源丰富、工艺简单和零污染被认为是环保、高效的清洁能源技术之一。一般来说,在常温常压下仅需要1.23 V 理论电压就可以实现电催化分解水产生氢气和氧气。整个电催化过程包括析氢反应(HER,发生在阴极)和析氧反应(OER,发生在阳极)两个半反应。然而在反应过程中,这两个半反应尤其是 OER 会涉及多步电子转移,导致电化学反应动力学缓慢,产生不必要的过电势,使得实际的分解电压远远高于 1.23 V。当前,贵金属 Pt 基和 Ru/Ir 基电极材料分别表现出高效稳定的 HER 和 OER 活性,但由于成本高、储备量少,其无法满足大规模商业化应用要求。基于此,开发低价、储备丰富和高效稳定的非贵金属电催化剂是十分必要的。

1.4.2 电催化分解水的反应机理

电催化分解水中包含两个半反应,即 HER 和 OER。图 1-4 为电催化分解水装置图,该装置由外接直流电源、电解液和阴阳极组成。

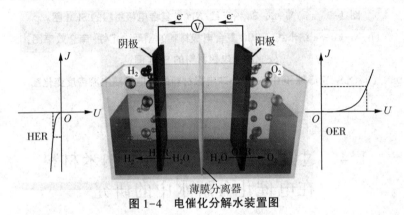

图 1-4　电催化分解水装置图

根据电解液 pH 值的不同,分解水经过不同的反应途径,反应过程如下。
在酸性电解液中:

$$阴极:2H^+ + 2e^- \longrightarrow H_2,E_0 = 0\ V$$

$$阳极:2H_2O \longrightarrow O_2 + 4H^+ + 4e^-,E_0 = 1.23\ V$$

在碱性电解液中:

$$阴极:2H_2O + 2e^- \longrightarrow H_2 + 2OH^-,E_0 = -0.83\ V$$

$$阳极:4OH^- \longrightarrow O_2 + 2H_2O + 4e^-,E_0 = 0.40\ V$$

1.4.2.1 HER 反应机理

HER 反应为电催化分解水的一个半反应,其在阴极上经历两电子转移过程,并且在不同的电解液条件下有不同的反应机理。在 HER 反应中,先进行 Volmer 反应,即电解液中的质子(H^+)与电极表面的电子(e^-)反应生成吸附氢原子(H^*),这是一个放电过程。其中,质子分别来源于酸性或碱性电解液中的水合氢离子(H_3O^+)或水分子。随后,生成的 H^* 可以通过化学解吸(Tafel 反应)或者电化学解吸(Heyrovsky 反应)或化学解吸和电化学解吸两者同时存在生成氢气。在 Tafel 反应中,两个邻近的吸附氢原子复合生成氢气(在理论上,实验测得的 Tafel 斜率可以反映 HER 的反应机理);在 Heyrovsky 反应中,电解液中的氢离子从电极表面得到一个电子后,与生成的吸附氢原子复合进而生成氢气,总的 HER 反应过程如下:

步骤 1:电化学氢吸附(Volmer 反应)

$$酸性电解液:H_3O^+ + M + e^- \longrightarrow H^* + H_2O \tag{1-3}$$

$$碱性电解液:H_2O + M + e^- \longrightarrow H^* + OH^- \tag{1-4}$$

式中,M 为催化剂表面的活性位点,* 为催化剂表面的吸附物种。

步骤 2:化学解吸(Tafel 反应)

酸性和碱性电解液中:

$$H^* + H^* \longrightarrow H_2 \tag{1-5}$$

电化学解吸(Heyrovsky 反应)

$$H_3O^+ + e^- + H^* \longrightarrow H_2 + H_2O(酸性电解液) \tag{1-6}$$

$$H_2O + e^- + H^* \longrightarrow H_2 + OH^-(碱性电解液) \tag{1-7}$$

基于以上反应途径可以看出无论是在酸性还是碱性电解液中,HER 反应都存在 Volmer-Tafel 机理和 Volmer-Heyrovsky 机理。一般情况下,人们用 Tafel 斜率评估反应的速率控制步骤。值得注意的是,通过机理研究可以看出,在碱性电解液中吸附 H^* 之前,需要打破强的 H—O—H 共价键,这比在酸性电解液中发生的 H_3O^+ 还原更难实现。这是电催化 HER 在碱性介质中反应速率缓慢的原因之一。

1.4.2.2 OER 反应机理

OER 反应为电催化分解水的另一个半反应,它是质子和四电子的耦合过程,是分解水反应的速率控制步骤,在热力学上具有较高的过电位。在不同的电解液中,OER 会经历不同的路径。

在酸性条件下公认的反应机理为:

$$M + H_2O \longrightarrow M—OH^* + H^+ + e^- \tag{1-8}$$

$$M + OH^* \longrightarrow M—O^* + H^+ + e^- \tag{1-9}$$

$$M—O^* \longrightarrow 1/2O_2 + M \tag{1-10}$$

$$M+O^*+H_2O \longrightarrow M-OOH^*+H^++e^- \qquad (1-11)$$

$$M+OOH^* \longrightarrow M+O_2+H^++e^- \qquad (1-12)$$

在酸性电解液中，水首先吸附在催化剂表面的活性位上形成 OH^*，进而 $O-H$ 键断裂形成 O^*，同时释放出一个 e^- 和一个 H^+，接着 O^* 吸附水分子形成 OOH^* 后也释放了一个 e^- 和一个 H^+，OOH^* 继续释放 H^+ 和 e^- 转变为 O_2，直到最后 O_2 从催化剂表面释放，由此完成了整个过程，这个反应被认为是一个四电子过程。

碱性条件下公认的反应机理为：

$$M+OH^- \longrightarrow M-OH^*+e^- \qquad (1-13)$$

$$M+OH^*+OH^- \longrightarrow M-O^*+H_2O+e^- \qquad (1-14)$$

$$M-O^* \longrightarrow 1/2O_2+M \qquad (1-15)$$

$$M+O^*+OH^- \longrightarrow M-OOH^*+e^- \qquad (1-16)$$

$$M+OOH^*+OH^- \longrightarrow M+O_2+H_2O+e^- \qquad (1-17)$$

在碱性溶液中存在 OH^-，而 OH^- 又会受到阳极的吸引向其方向移动。所以整个反应历程中，首先，在催化剂表面的活性位吸附 OH^- 生成 OH^* 并释放出一个 e^-，OH^* 继续与 OH^- 结合变为 O^* 和 H_2O 并释放一个 e^-，随后 O^* 同 OH^- 反应释放一个 e^- 变成 OOH^*，随后 OOH^* 与 OH^- 放出电子生成 O_2，最后 O_2 从催化剂表面释放，同样也是一个四电子过程。

1.4.3 过渡金属磷（硫/硒）基纳米材料在电催化分解水中的应用

目前，研发低成本、高效稳定、制备方法简单易行的电催化分解水电催化剂是解决电催化制氢大规模应用难题的主要方法。其中，过渡金属氮化物、磷化物、碳化物以及硫/硒化合物在电催化分解水领域有着卓越的表现，展示出优异的 HER、OER 和全解水性能，甚至可以与商业贵金属基催化剂媲美，尤其是过渡金属磷（硫/硒）基纳米材料。

过渡金属磷化物由于其良好的导电性、磷的正电荷高效捕获能力，以及对反应中间体恰到好处的亲和力，具有优异的全解水性能，近年来得到科研工作者的广泛关注。理论计算表明，过渡金属磷化物中的 P 原子具有较强的电负性，可以从金属中吸附电子。在全解水反应中，带负电的 P 原子可以作为碱来捕获更多带正电的质子，从而提升材料的本征活性。例如，Fu 课题组通过简单水热-低温磷化法制备出自支撑 NiCoP@CC 电催化剂。NiCoP @CC 电催化剂具有优异的电催化性能。在 HER 反应中,10 mA·cm^{-2} 电流密度下析氢过电位为 59 mV,优于大多数催化剂。为了提升过渡金属磷化物的电催化性能,Chen 课题组基于离子交换理论通过原位引入 Zn 元素构筑出 Zn 掺杂的 CoP 电催化剂(图 1-5)。图 1-5(b)为 Zn 掺杂的 CoP 电催化剂的 DOS 图,可以看出 Zn 掺杂的 CoP 电催化剂的导电性优于未掺杂的 CoP 电催化剂。

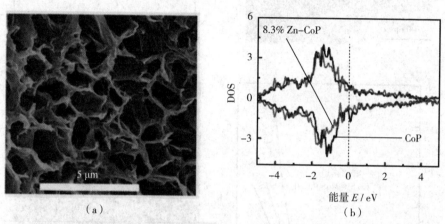

图 1-5 (a)Zn 掺杂的 CoP 电催化剂的 SEM 图;(b)不同催化剂的 DOS 图

在过渡金属硫催化剂中,主要的活性位点仍然是金属原子,但是 S 原子的引入使得空位增加。Zhu 等人采用硫蒸汽辅助法制备了 Co$_9$S$_8$@MoS$_2$ 与碳纳米纤维(Co$_9$S$_8$@MoS$_2$/CNF)的复合电催化剂。从图 1-6(a)中可以看出,Co$_9$S$_8$@MoS$_2$ 复合粒子均匀地锚定在高导电性的 CNF 上。高活性的 Co$_9$S$_8$ 与 MoS$_2$ 形成的异质结与高导电性的 CNF 的协同作用使电催化剂具有优异的 HER 活性和 OER 活性,如图 1-6(b)和图 1-6(c)所示。Tian 课题组通过简单的一步水热法制备出自支撑 CuCo$_2$S$_4$/CC 电催化剂。从 CuCo$_2$S$_4$/CC 电催化剂的 SEM 图可以看出片层状 CuCo$_2$S$_4$ 原位生长在导电 CC 上,如图 1-6(d)所示。片层结构使材料暴露出更多的活性位,并且导电 CC 的加入提升了电化学反应过程中的传质、传荷能力。CuCo$_2$S$_4$/CC 电催化剂在 1 mol·L^{-1} KOH 电解液中表现出良好的 HER 活性,如图 1-6(e)所示;同时具有较好的 OER 活性,如图 1-6(f)所示。

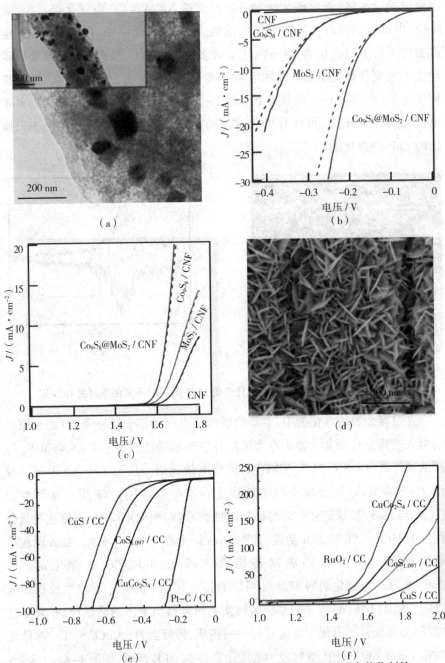

图 1-6　（a）Co_9S_8@MoS_2/CNF 复合电催化剂的 TEM 图；不同电催化剂的

（b）HER 极化曲线和（c）OER 极化曲线；（d）$CuCo_2S_4$/CC 电催化剂的 SEM 图；

$CuCo_2S_4$/CC 电催化剂的（e）HER 极化曲线和（f）OER 极化曲线

过渡金属硒化物与过渡金属硫化物具有相似的电子结构,但 Se 具有更强的金属性,使其具备更高的导电性。例如,Liang 等人通过选择性刻蚀-硒化处理 β-Ni(OH)$_2$ 多孔纳米片制备出具有高活性位的 NiSe$_2$ 电催化剂。图 1-7(a)为 NiSe$_2$ 电催化剂的 SEM 图,从图中可以看出 NiSe$_2$ 呈现出多孔纳米片结构并且片层没有发生坍塌团聚,证实了 β-Ni(OH)$_2$ 成功转化为多孔 NiSe$_2$ 纳米片。当其作为全解水电催化剂时,无论是在酸性介质(0.5 mol·L^{-1} H$_2$SO$_4$)中还是在碱性介质(1 mol·L^{-1} KOH)中均表现出优异的 HER 活性,如图 1-7(b)和图 1-7(c)所示。此外,通过引入协同金属构建异质结构也是提升过渡金属硒化物本征活性和导电性的主要途径。Wang 课题组通过水热-低温硒化法制备出自支撑多孔(Ni$_{0.75}$Fe$_{0.25}$)Se$_2$ 纳米片电催化剂,如图 1-7(d)所示。图 1-7(e)和图 1-7(f)显示了(Ni$_{0.75}$Fe$_{0.25}$)Se$_2$ 电催化剂的电催化性能。

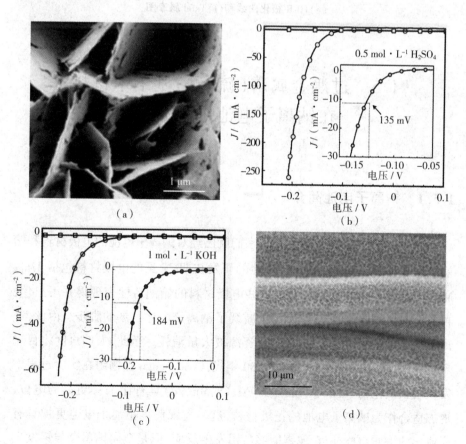

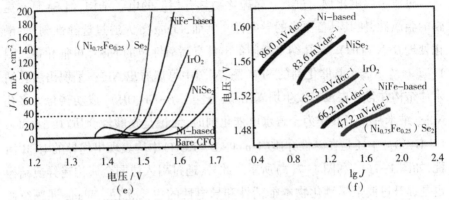

图 1-7　（a）$NiSe_2$ 电催化剂的 SEM 图；

$NiSe_2$ 电催化剂在（b）酸性介质和（c）碱性介质中的 HER 极化曲线；

（d）$(Ni_{0.75}Fe_{0.25})Se_2$ 电催化剂的 SEM 图；$(Ni_{0.75}Fe_{0.25})Se_2$ 电催化剂的

（e）HER 极化曲线和（f）Tafel 斜率图

1.5　过渡金属磷（硫/硒）基纳米材料
在钠离子电池中的研究

1.5.1　钠离子电池简介

自 20 世纪 70 年代开始，科学家们就已经对钠离子电池的电极材料和储能机理进行了探究。在钠离子电池的研发初期，常见的电极材料包括 TiS_2、MoS_2 以及 Na_xMO_2。但是，当时这些电极材料的储钠特性表现得并不出色，再加上锂离子电池的迅速商业化，减缓了钠离子电池发展的脚步。由此，锂离子电池行业的压力日趋增大，锂资源被大量消耗。至此，人们再度将目光聚焦到钠离子电池领域。20 世纪 80 年代，Goodenough 课题组在实验过程中发现层状氧化物 $NaMeO_2$（Me = Co、Ni、Cr、Mn、Fe）具有比 TiS_2 更高的电位，更加适合作为钠离子电池的正极材料，这一发现使得钠离子电池更加具有商业化的潜质。此外，金属锂能够与铝发生反应，但是金属钠不会与铝发生反应,所以钠离子电池的正负极可以使用价格便宜的铝箔作为集流体。钠离子电池的正极材料大部分可采用价格低廉的过渡金属。所以说,钠离子电池的成本相比于锂离子电池可降低 30%~40%。由此可见,研发钠离子电池是解决当前能源存储问题的重要手段之一。但是,钠离子电池也面临着可逆比容量低、工作电压低和循环稳定性差等问题。研发高效稳定的钠离子电池电极材料是解决此类问题的有效途径,是促进钠离子电池发展的关键。

1.5.2 钠离子电池的结构组成及储能机理

由于钠元素与锂元素属于同一主族,因此钠离子和锂离子的化学性质比较相近。鉴于此,钠离子电池的组成和构造与锂离子电池类似。钠离子电池的组成包括正极、负极、电解液和隔膜四部分。其中对电池总体电化学性能起到决定性作用的是正负极材料,通常负极材料可以选取能嵌入或脱出钠离子的材料,正极材料可以选取含有钠离子并且可以脱出、嵌入钠离子的材料。

钠离子电池的储钠机理与锂离子电池的储锂机制也基本类似,是一种浓度差电池。图 1-8 为钠离子电池的工作原理图。如图所示,在充电过程中外加电势作用下,钠离子从正极材料中脱出进入到电解液中,再通过隔膜到达负极表面并嵌入其中,同时电子在外电路从正极到负极形成电流。而在放电过程中,钠离子从负极表面脱出,经过电解液通过隔膜到达正极,再重新嵌入到正极材料中,同时电子在外电路从负极到正极形成电流。综上所述,在整个钠离子的脱出和嵌入过程中,正负极发生氧化还原反应,实现电能与化学能之间的转化。以 $NaMnO_2$ 和碳作为正负极材料为例,上述钠离子电池的充放电过程可表示如下。

充电过程:

正极反应:$NaMnO_2 \longrightarrow Na_{1-x}MnO_2 + xNa^+ + xe^-$

负极反应:$C + xNa^+ + xe^- \longrightarrow Na_xC$

总反应:$NaMnO_2 + C \longrightarrow Na_{1-x}MnO_2 + Na_xC$

放电过程:

正极反应:$Na_{1-x}MnO_2 + xNa^+ + xe^- \longrightarrow Na_{1-x}MnO_2$

负极反应：$Na_xC \longrightarrow C + xNa^+ + xe^-$

总反应：$Na_{1-x}MnO_2 + Na_xC \longrightarrow Na_{1-x}MnO_2 + C$

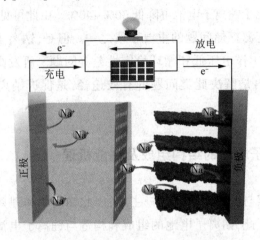

图 1-8　钠离子电池的工作原理图

1.5.3　过渡金属磷(硫/硒)基纳米材料在钠离子电池中的应用

近年来,过渡金属磷基纳米材料已得到广泛应用并在电化学领域尤其是钠离子电池方面成为研究热点。目前报道的磷基钠离子电池负极材料大致分为过渡金属钝化型和过渡金属活泼型两类。分类主要取决于磷化物中的金属是否具有电化学性能。

过渡金属钝化型磷基电极材料主要包括含 Fe、Co、Ni 和 Cu 等的金属磷化物。在这里过渡金属的存在仅起到提高电极材料导电性的作用。Shi 等人制备了 $Ni_2P/N,P$ 共掺杂碳片复合材料,其中 Ni_2P 纳米晶通过共价键锚定在 N,P 共掺杂碳片上,如图 1-9(a) 和图 1-9(b) 所示。该材料展示出优异的储钠特性:在电流密度为 $0.5\ A \cdot g^{-1}$ 时,循环 1200 次后可逆比容量仍为 181 $mAh \cdot g^{-1}$。由此可见,过渡金属钝化型磷基电极材料具有优异的电化学稳定性。

过渡金属活泼型磷基电极材料主要包括含 Se、Sn 和 Ge 等的金属磷化物。它们在进行转化反应的同时还会发生合金化反应,提供额外的比容量。与过渡金属钝化型磷基电极材料相比,其具有更高的理论储钠比容量,但是在多次循环后体积会发生剧烈膨胀,甚至粉化,使可逆比容量快速下降。为提高过渡金属活泼型磷基电极材料的循环稳定性,可以通过引入导电性碳材料对电极材料进行改善。例如,Ran 等人通过水热-磷化法制备出具有仿生结构的 Sn_4P_3/CNT 复合电极材料,如图 1-9(c)、图 1-9(d)和图 1-9(e)所示。当其作为钠离子电池负极材料时,展示出较高的可逆比容量和倍率特性。

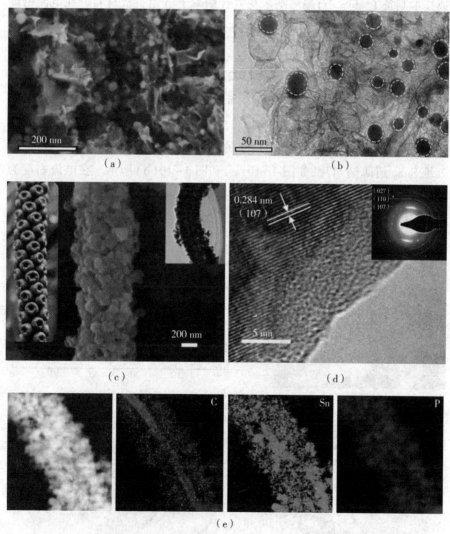

图 1-9 $Ni_2P/N,P$ 共掺杂碳片复合材料的(a)SEM 图和(b)TEM 图;
Sn_4P_3/CNT 复合电极材料的(c)SEM 图、(d)TEM 图和(e)EDS 图

在各种过渡金属硫基纳米电极材料中，MoS_2 作为一种典型的二维层状金属硫化物，在能量储存和转换方面得到高度重视。在 MoS_2 二维片层状结构中，Mo 原子与 S 原子以共价键形成 S—Mo—S 层，并且层与层间通过作用很弱的范德瓦耳斯力结合。这种结构为钠离子在电化学反应中的脱嵌提供便利条件，使其具有较高的理论储钠比容量（670 mAh·g^{-1}）。MoS_2 基钠离子电池的反应类型为插层辅助转化反应提供能量。Mitra 等人也通过超声剥离技术制备了 MoS_2/石墨烯纳米花复合钠离子电池负极材料。在电流密度为 0.1 A·g^{-1} 时，其比容量高达 575 mAh·g^{-1}，接近于 MoS_2 的理论比容量，如图 1-10(a) 和图 1-10(b) 所示。此外，SnS_2 也是一种很有前途的钠离子电池负极材料，其理论比容量高达 1022 mAh·g^{-1}。其反应类型为合金化转化反应提供容量。Jiang 等人制备了 SnS_2 超细纳米晶体/功能化石墨烯复合材料，在电流密度为 0.2 A·g^{-1} 时，循环 100 次后储钠比容量仍高达 680 mAh·g^{-1}。Sun 课题组通过简单的控温回流法制备出厚度为 3~4 nm 的二维 SnS_2 超薄纳米片，如图 1-10(c) 和图 1-10(d) 所示。在电流密度为 0.1 A·g^{-1} 时，可逆比容量为 773 mAh·g^{-1}，即使在大电流密度（2 A·g^{-1}）下，其比容量仍可保持在 435 mAh·g^{-1}，如图 1-10(e) 所示。

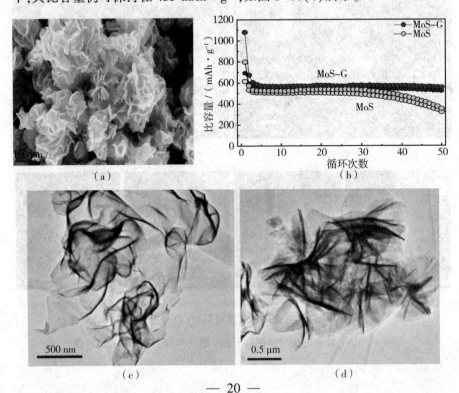

（a）

（b）

（c）

（d）

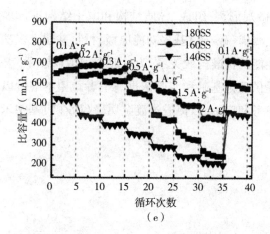

图 1-10　MoS$_2$/石墨烯纳米花复合钠离子电池的(a)SEM 图和(b)电流密度为 0.1 A·g^{-1} 时的
循环性能图;SnS$_2$ 超薄纳米片的(c)、(d)TEM 图和(e)倍率特性图

1.6　本书研究的内容和意义

　　前期对过渡金属磷(硫/硒)基纳米材料在电化学领域的研究表明,通过对电极材料的电化学活性位和组成进行合理的调控可以提升电极材料的本征活性,也可以通过对电极材料的微观形貌(大小、形状、BET 比表面积和厚度等)、异质结构和电子结构进行有效调控实现电极材料本征活性的提高。文献也表明,随着科学技术的大力发展,当前以过渡金属磷(硫/硒)基纳米材料作为基础的多功能电极材料得到广泛研发,并且能够通过精准调控合成多种形式高效稳定的多功能电极材料。但是,在低成本的前提下对过渡金属磷(硫/硒)基纳米材料进行多元调控仍是巨大的挑战。此外,目前已经报道的过渡金属磷(硫/硒)基纳米电极材料合成方法非常复杂并且产量较低,不能够进行大规模商业化生产。基于此,有必要探究合成方法简单、电化学性能好且稳定、结构优化可控的过渡金属磷(硫/硒)基纳米材料,进而从本质上研究其电化学性能提升的关键因素。

　　本书以此为目标,致力于通过简单可行的溶剂热-热处理法制备一系列具有独特结构的过渡金属磷(硫/硒)基纳米材料,并通过对过渡金属磷(硫/

硒）基纳米材料的微观形貌、组成、异质结构和电子结构进行多元调控获得高效稳定的过渡金属磷（硫／硒）基多功能电极材料，并建立多功能电极材料结构与其电化学性能的精准构效关系，为过渡金属磷（硫／硒）基多功能电极材料商业化生产提供理论基础和实验依据。笔者希望本书可以为广大科研爱好者提供一些参考和启示，以促进过渡金属磷（硫／硒）基纳米材料在电化学领域的快速发展。

第 2 章　实验部分

2.1　主要试剂和仪器

2.1.1　主要试剂及材料

实验过程中所使用的试剂及材料如表 2-1 所示。

表 2-1　实验和测试中所用的化学试剂和材料

实验试剂	分子式	规格
乙二醇	$C_2H_6O_2$	A. R.
无水乙醇	C_2H_6O	A. R.
乙酸钴	$Co(CH_3OO)_2$	A. R.
高纯鳞片石墨	C	A. R.
高锰酸钾	$KMnO_4$	A. R.
浓硫酸	H_2SO_4	A. R.
过氧化氢	H_2O_2	A. R.
硝酸钠	$NaNO_3$	A. R.
氯化镍	$NiCl_2 \cdot 6H_2O$	A. R.
铁氰化钾	$K_3Fe(CN)_3$	A. R.
柠檬酸钠	$C_6H_5Na_3O_7 \cdot 2H_2O$	A. R.
硝酸锌	$Zn(NO_3)_2 \cdot 6H_2O$	A. R.
硝酸铁	$Fe(NO_3)_3 \cdot 9H_2O$	A. R.

续表

实验试剂	分子式	规格
尿素	$CO(NH_2)_2$	A. R.
氟化铵	NH_4F	A. R.
泡沫镍	NF	A. R.
丙酮	CH_3COCH_3	A. R.
浓盐酸	HCl	A. R.
乙酸锌	$Zn(CH_3OO)_2$	A. R.
六亚甲基四胺	$C_6H_{12}N_4$	A. R.
次磷酸钠	$NaH_2PO_2 \cdot H_2O$	A. R.
氢氧化钠	NaOH	A. R.
三氯化铁	$FeCl_3 \cdot 6H_2O$	A. R.
二氧化硒	SeO_2	A. R.
抗坏血酸	$C_6H_8O_6$	A. R.
氯化亚锡	$SnCl_2 \cdot 2H_2O$	A. R.
吡咯	C_4H_5N	A. R.
钛碳化铝	Ti_3AlC_2	A. R.
氢氧化钾	KOH	A. R.
氟化锂	LiF	A. R.
硝酸钴	$Co(NO_3)_2 \cdot 6H_2O$	A. R.
二甲基咪唑	$C_4H_6N_2$	A. R.
硒粉	Se	A. R.
硫粉	S	A. R.
甲醇	CH_3OH	A. R.
聚乙烯吡咯烷酮	PVP	A. R.
N-甲基吡咯烷酮	NMP	A. R.
聚偏二氟乙烯	PVDF	A. R.
聚四氟乙烯	PTFE	A. R.
炭黑	C	A. R.
金属钠	Na	A. R.
铜箔	Cu	A. R.

注：A. R. 即分析纯。

2.1.2　实验所需仪器和设备

实验所需仪器和设备如表 2-2 所示。

表 2-2　实验仪器和设备

实验仪器	型号
电子天平	BT125D
超声波清洗器	KQ-800KDE
加热型磁力搅拌器	HJ-4A
台式高速离心机	TG1650-WS
电热恒温鼓风干燥箱	DHG-9023A
管式电炉	SK-G06163
纽扣电池封口机	MRX-SH20
循环水式真空泵	SHZ-D(Ⅲ)
单人操作手套箱系统	UNIlab SP
电化学工作站	CHI660E
蓝电电池测试系统	CT2001A

2.2　过渡金属磷(硫/硒)基纳米材料的制备

2.2.1　CoP 纳米片组装 HCPS 的制备

首先,称取 2 mmol 乙酸钴于 100 mL 烧杯中,加入 15 mL 无水乙醇和 15 mL 乙二醇溶液,超声搅拌 30 min,使乙酸钴均匀分散在乙醇和乙二醇的混合溶液中。然后,将其转移至 50 mL 带有聚四氟乙烯内衬的不锈钢反应釜中,密封后 180 ℃反应 10 h,自然冷却至室温。将反应釜中的粉色沉淀用无水乙醇洗涤 3 次,60 ℃烘干 10 h 后得到 Co-乙二醇聚合体(命名为 Co-EG-10)。然后,将 0.1 g Co-EG-10 和 0.5 g $NaH_2PO_2 \cdot H_2O$ 分别装于两个瓷舟中,放入管式炉的石英管中(装有 $NaH_2PO_2 \cdot H_2O$ 的瓷舟置于管式炉的上游)。在 N_2 保护下,将管式炉以 $3 ℃ \cdot min^{-1}$ 的升温速度加热至 350 ℃,并在该温度下恒温 2 h,自然降温后,得到磷化钴纳米片组装的多孔空心微球(命名为 HCPS-10-350)。笔者通过改变水热时间(4 h、 6 h、 8 h、 10 h 和 12 h)和磷化温度(300 ℃、 350 ℃ 和 400 ℃)研究磷化钴多孔空心微球的微观结构和电化学性能。此外,为了证明磷化物优异的性能,笔者还合成了四氧化三钴空心微球,所得样品命名为 Co_3O_4。样品的规则和反应条件见表 2-3。

表 2-3　合成样品的命名及反应条件

前驱体命名	乙酸钴 /mmol	水热温度 /℃	水热时间 /h	磷化温度 /℃	最终样品命名
Co-EG-4	2	180	4	350	HCPS-4
Co-EG-6	2	180	6	350	HCPS-6
Co-EG-8	2	180	8	350	HCPS-8
Co-EG-10	2	180	10	350	HCPS-10-350
Co-EG-12	2	180	12	350	HCPS-12
Co-EG-10-300	2	180	10	300	HCPS-10-300
Co-EG-10-400	2	180	10	400	HCPS-10-400

2.2.2　NiFe-P/RGO 纳米电催化材料的制备

2.2.2.1　氧化石墨的制备

首先,采用改进的 Hummer 法合成氧化石墨(GO)。具体合成步骤如下:称取 2.0 g 高纯鳞片石墨于 500 mL 烧杯中,缓慢加入 60 mL 浓硫酸,搅拌 10 min。待混合均匀后,加入 2.0 g 硝酸钠和 6.0 g 高锰酸钾。室温搅拌 24 h,加入 80 mL 去离子水,反应 30 min 后滴入 20 mL 30% 的过氧化氢,得到棕黄色悬浊液。将此悬浊液用 2 mol $\cdot$ L $^{-1}$ 的盐酸洗去多余的金属离子,用去离子水洗涤至 pH 为中性,在 30 ℃阴干待用。

2.2.2.2 NiFe-P/RGO 纳米电催化材料的制备

首先,将 100 mg 氧化石墨超声分散在 60 mL 去离子水中。超声分散均匀后,将 2 mmol Ni(NO$_3$)$_2$·6H$_2$O 和 2 mmol K$_3$Fe(CN)$_6$ 加入到上述 GO 分散液中,快速搅拌 30 min 后,缓慢加入 3 mmol Na$_3$C$_6$H$_5$O$_7$·2H$_2$O,超声 30 min,室温陈化 24 h,继而转移至 100 mL 带有聚四氟乙烯内衬的不锈钢反应釜中,密封后 120 ℃水热反应 12 h,待其自然冷却至室温。将水热后的产物依次用去离子水和无水乙醇洗涤 3 次,80 ℃ 干燥 8 h,得到 NiFe PBA/RGO 前驱体。将 0.1 g NiFe PBA/RGO 前驱体与 0.5 g NaH$_2$PO$_2$ 分别放入两只磁舟中。装 NaH$_2$PO$_2$ 的磁舟放置在石英管的上游,在 N$_2$ 气氛中,以 3 ℃·min^{-1} 的升温速率升温至 800 ℃并保温 2 h。自然降温后,得到目标样品 NiFe-P/RGO 纳米电催化材料。为了进一步研究 NiFe-P 和 RGO 的协同效应对电化学性能的影响,笔者在相同条件下合成了不加氧化石墨或不加金属离子的对比催化材料,分别命名为 NiFe-P 和 RGO。

2.2.3 自支撑 Zn 植入 FeNi-P 超薄纳米片阵列的制备

2.2.3.1 自支撑 Zn-FeNi-LDH 超薄纳米片阵列前驱体的制备

首先,依次将泡沫镍用丙酮、蒸馏水、2 mol·L^{-1} 稀盐酸、蒸馏水和乙醇进行超声洗涤以去除表面有机物和氧化层,并在真空中 80 ℃烘干 10 h 作为基底备用。随后,以备用的泡沫镍作为基底通过水热反应合成 Zn-FeNi-LDH 前驱体。具体步骤如下:首先称量 0.6 mmol Zn(CH$_3$OO)$_2$·2H$_2$O 和 2.4 mmol Fe(NO$_3$)$_3$·9H$_2$O 超声分散到 60 mL 水溶液中。待其分散均匀后,加入 9 mmol 尿素和 2.4 mmol 六亚甲基四胺强力搅拌 2 h,形成均相溶液;随后将上述均相溶液转移至内衬为聚四氟乙烯的高压反应釜中,同时将处理好的泡沫镍(3.5 cm×4.0 cm)垂直放入反应釜内衬中,密封后 120 ℃反应 10 h,待反应釜自然冷却至室温,将长有 Zn-FeNi-LDH 超薄纳米片阵列的泡沫镍取出,并用去离子水洗涤多次,60 ℃ 干燥 6 h,即制备出自支撑 Zn-FeNi-LDH 纳米片阵列前驱体(命名为 Zn-FeNi-LDH 前驱体)。

2.2.3.2 自支撑 Zn-FeNi-P 超薄纳米片阵列的制备

为了获得 Zn 植入的 FeNi-P 超薄纳米片阵列,将 Zn-FeNi-LDH 前驱体和 0.5 g NaH_2PO_2 分别置于两个瓷舟中，将两个瓷舟放于真空管式炉的下游和上游，检查仪器安全后，在 N_2 中以 3 ℃·min^{-1} 的升温速率升温至 350 ℃并保温 2 h，随后自然冷却至室温取出，即得到自支撑 Zn-FeNi-P 超薄纳米片阵列（命名为 Zn-FeNi-P）。笔者通过改变实验参数合成出一系列材料来研究 Zn-FeNi-P 电催化材料的微观结构和电化学性能。首先，笔者研究了乙酸锌的含量对 Zn-FeNi-P 电催化材料的电子结构和微观形貌的影响。不同 Zn 植入量的 Zn-FeNi-P 电催化材料分别命名为 Zn-FeNi-P-2.7% 和 Zn-FeNi-P-8.4%。然后，笔者研究了磷化温度对 Zn-FeNi-P 电催化材料的电子结构和微观形貌的影响。得到的样品分别命名为 Zn-FeNi-P-300 和 Zn-FeNi-P-400。此外，为了研究 Zn 植入对电催化材料结构的影响，笔者在不添加 Zn 源的条件下，采用相同的方法制备出 FeNi-P。实验所制备的电催化材料的命名和反应条件见表 2-4。

表 2-4　合成的电催化材料的命名及反应条件

样品	乙酸锌 /mmol	硝酸铁 /mmol	水热温度 /℃	水热时间 /h	磷化温度 /℃
Zn-FeNi-LDH	0.6	2.4	120	8	—
FeNi-P	0	3.0	120	8	350
Zn-FeNi-P-2.7%	0.3	2.7	120	8	350
Zn-FeNi-P	0.6	2.4	120	8	350
Zn-FeNi-P-8.4%	0.9	2.1	120	8	350
Zn-FeNi-P-300	0.6	2.4	120	8	300
Zn-FeNi-P-400	0.6	2.4	120	8	400

2.2.4　含氮碳包覆 $SnSe_{0.5}S_{0.5}$ 微米花负极材料的制备

2.2.4.1　SnSe@PPy 前驱体的制备

首先，利用水热-陈化法制备有序花状 SnSe 材料。具体方法如下：准确称取 2.0 g SeO_2 和 10 g NaOH 加入到 100 mL 去离子水中，快速混合搅拌后得到透明的澄清液，然后向上述溶液中加入 0.3 g 抗坏血酸，超声分散均匀，转移至内衬为聚四氟乙烯的反应釜中 160 ℃恒温 2 h，自然冷却，得到水热产物 A 液；将 0.3 g SnCl$_2$ 和 0.8 g NaOH 溶解到 30 mL 去离子水中得到 B 液。将 A 液快速加入到 B 液中，搅拌 30 min，陈化 2 h 充分反应，离心洗涤并干燥得到有序花状 SnSe 材料。随后，将 5.0 mmol SnSe 和 0.1 mmol 十二烷基硫酸钠加入到 100 mL 去离子水中。在强烈搅拌条件下，向上述溶液中依次加入 130.0 μL 吡咯单体，继续磁力搅拌 1 h。然后，缓慢滴加 50 mL 浓度为 0.1 mol·L^{-1} 的 FeCl$_3$·6H$_2$O 水溶液，25 ℃持续搅拌 4 h 后，陈化 24 h，将沉淀用去离子水洗涤 3 次，并在真空中 80 ℃干燥 12 h，最终得到黑色 SnSe@ PPy 前驱体。

2.2.4.2 含氮碳包覆 SnSe$_{0.5}$S$_{0.5}$ 微米花负极材料的制备

称取 0.1 g SnSe@ PPy 前驱体和 0.2 g 硫粉分别放置于管式炉中的两个瓷舟里，其中装有硫粉的瓷舟放在管式炉上游，装有 SnSe@ PPy 前驱体的瓷舟位于下游。在 H$_2$/Ar（体积比为 1∶9）气氛中，以 2 ℃·min^{-1} 的升温速率将管式炉加热至 450 ℃，并在该温度下保温 4 h，得到含氮碳包覆 SnSe$_{0.5}$S$_{0.5}$ 微米花负极材料，并命名为 SnSe$_{0.5}$S$_{0.5}$ @ N-C。此外，笔者还合成了不添加十二烷基硫酸钠和吡咯单体的对比样品，命名为 SnSe$_{0.5}$S$_{0.5}$。

2.2.5 MOF-Co 衍生的 CoSeS@MXene 复合材料的制备

2.2.5.1 MXene 纳米片的制备

首先，将 39.0 mmol LiF 加入到提前配制好的 20 mL 9.0 mol·L^{-1} 的盐酸溶液中。在强烈搅拌条件下，缓慢多次加入 10.6 mmol Ti$_3$AlC$_2$ 粉末，35 ℃继续搅拌 24 h。然后，将溶液中的沉淀用去离子水洗涤至中性，随后将沉淀超声分散均匀，用高速离心机在 3500 r·min^{-1} 下离心去除未被剥离开的大块 Ti$_3$AlC$_2$ 并取上层悬浮液，真空冷冻干燥，最终得到目标样品 MXene 纳米片。

2.2.5.2 MOF-Co@ MXene 前驱体的制备

首先，称取 5.0 mmol MXene 纳米片加入到 40 mL 甲醇溶液中，超声分散 1 h 后，迅速向上述溶液中加入 0.5 mmol Co（NO$_3$）$_2$·6H$_2$O，持续搅拌 1 h

后,将其缓慢加入到提前配制好的 40 mL 含有 0.5 mmol 2-甲基咪唑的甲醇溶液中,超声混合均匀。然后在室温环境下陈化 24 h,将陈化后得到的沉淀用无水乙醇洗涤 3 次,60 ℃烘干 10 h,最后得到 MOF-Co 与 MXene 的复合材料,命名为 MOF-Co@MXene 前驱体。

2.2.5.3　MOF-Co 衍生的 CoSeS@MXene 复合电极材料的制备

将 MOF-Co@MXene 前驱体和 Se 粉以 1:2 的质量比分别放置在两个磁舟里,Se 粉位于真空管式炉上游,MOF-Co@MXene 前驱体位于管式炉下游,在 H₂/Ar 混合气体中以 3 ℃·min⁻¹ 的升温速率升温至 450 ℃保温 2 h,自然冷却至室温,得到黑色固体粉末,将其命名为 CoSe@MXene 复合电极材料。随后将制备的 CoSe@MXene 黑色固体粉末与 S 粉以 1:2 的质量比分别置于两个瓷舟中,并放入管式炉的石英管中(装有 S 粉的瓷舟置于管式炉的上游),在 H₂/Ar 混合气体中以 3 ℃·min⁻¹ 的升温速率升温至 350 ℃保温 2 h,自然冷却至室温,得到目标样品 MOF-Co 衍生的 CoSeS@MXene 复合体,命名为 CoSeS@MXene 复合电极材料。此外,为了研究电极材料结构和组分对电化学性能的影响,笔者以相似的方法合成一系列对比样品,包括 CoS 与 MXene 复合材料(命名为 CoS@MXene 复合电极材料)和 CoSeS 异质材料(命名为 CoSeS 电极材料)。

2.2.6　ZIF-8 衍生的 ZnSeS@RGO 复合电极材料的制备

2.2.6.1　ZIF-8 十二面体的制备

首先,将 5.95 g(2.25 mmol)Zn(NO₃)₂·6H₂O 粉末加入到 150 mL 无水甲醇溶液中,超声搅拌均匀(约 2 h)后得到 A 溶液;将 6.16 g(75 mmol)2-甲基咪唑粉末加入到 150 mL 无水甲醇溶液中,超声搅拌均匀(约 1 h)后得到 B 溶液。其次,将 B 溶液迅速倒入到 A 溶液中,继续搅拌 30 min 后,在 25 ℃的环境下将 A 和 B 的混合溶液陈化 24 h,得到的白色沉淀用无水乙醇离心洗涤 3 次,并在真空中 80 ℃干燥 12 h,冷却到室温后得到目标白色固体粉末(命名为 ZIF-8 十二面体)。

2.2.6.2　ZIF-8 衍生的 ZnSeS@RGO 复合电极材料的制备

首先,利用改良后的 Hummers 方法合成出了薄层的氧化石墨烯。将所制备的氧化石墨烯(0.03 g)加入到 40 mL 去离子水中超声分散得到金黄色悬浊液。随后将硫代乙酰胺(0.15 g)和制得的 ZIF-8 白色粉末(0.20 g)加入到悬浊液中,搅拌均匀后得到 C 溶液;将 0.16 g(2.02 mmol)Se 粉与 0.15 g(3.96 mmol)硼氢化钠在冰水浴条件下加入到盛有 15 mL 无水乙醇溶液的烧杯中,超声分散 1 h 后,直到烧瓶中的溶液呈透明状,得到 D 溶液。然后,将透明状 D 溶液迅速倒入待用的 C 溶液中,快速盖上保护膜,隔绝空气高速搅拌 5 min 后迅速转移至高压反应釜中,升温到 180 ℃ 后保持 16 h,冷却到室温后,用去离子水离心洗涤 3 次,随后将得到的固体材料转移至冷冻干燥机中进行冷冻干燥,最终合成了目标复合电极材料,命名为 ZnSeS@RGO 复合电极材料。为了进一步探究复合电极材料的微观结构对钠离子电池性能的影响,笔者以相似的方法合成了一系列对比电极材料,包括 ZnSe 与 RGO 复合材料(命名为 ZnSe@RGO 复合电极材料)、ZnS 与 RGO 复合材料(命名为 ZnS@RGO 复合电极材料)和 ZnSeS 异质材料(命名为 ZnSeS 电极材料)。

2.3　材料的表征方法

2.3.1　X 射线衍射(XRD)

通过 X 射线衍射来确定所制备材料的成分、物相等晶体结构信息。其工作原理为:利用 X 射线与晶体内原子的相互作用,产生散射波。当散射波与入射波波长相同时会发生晶体衍射,每种待测物质产生的衍射峰与标准衍射峰相对应时,就可以确定样品中存在的物相。

2.3.2　扫描电子显微镜(SEM)

为了准确反映出待测样品的表面形貌,应用扫描电子显微镜对样品进行分析。其工作原理为:在一定时间范围内,利用行扫描或垂直扫描遵循一定空间规律逐点成像后,显示出成像结果。

2.3.3　透射电子显微镜（TEM）

透射电子显微镜是用来观察及分析材料的微观形貌、组成和结构信息的,具有较高的分辨率,可以实现微区物相分析,还可以通过能量色散谱（EDS）提供元素分布信息。其工作原理为:利用电子束照射样品表面,通过物镜和磁透镜将散射后的物像放大,最终投影在荧光屏幕上成像。

2.3.4　X射线光电子能谱（XPS）

通过X射线光电子能谱可以有效获得材料表面元素组成、内部原子价态以及化学键等信息。其工作原理为:利用X射线照射样品,使材料内部原子或电子受激发射,判断受激发产生的能量分布与已知元素的电子能量是否相同,可确定未知样品表面元素组成和价态。

2.3.5　N_2物理吸附/脱附（BET）

N_2物理吸附/脱附等温线是根据BET多层吸附原理,在液氮温度下和气体饱和蒸气压力范围内测试材料的N_2物理吸附/脱附等温线。根据吸附等温线,用图解法求出材料单层吸附的容量,同时由BET吸附公式计算出材料的比表面积。

2.4　电化学性能测试

2.4.1　超级电容器性能测试

2.4.1.1　超级电容器三电极体系测试

采用三电极体系对合成的超级电容器电极材料在 2 mol · L^{-1} KOH 电解

液中进行电容特性测试。其中,分别以合成的电极材料、Hg/HgO 电极和铂(Pt)电极作为工作电极、参比电极和辅助电极。工作电极具体制备步骤如下:称量 9.5 mg 活性物质和 0.5 mg 质量分数为 5% 的聚四氟乙烯黏结剂,将其超声分散在 1 mL 超纯水中,用药匙将电极材料均匀涂敷在集流体泡沫镍上(涂抹面积为 1.0 cm^2),放于真空干燥箱 60 ℃ 真空干燥 12 h。将涂敷好的泡沫镍在 20 MPa 下压成密实的片状电极进行电化学测试,在 -0.2~0.5 V 范围内进行循环伏安(CV)曲线测试,在 -0.2~0.5 V 范围内以不同电流密度进行恒电流充放电(GCD)曲线检测。EIS 在 $1 \times 10^{-2} \sim 1 \times 10^5$ Hz 的频率范围内进行。电极的比电容通过 GCD 曲线计算得到,计算公式如下:

$$C_m = I\Delta t / (m\Delta V) \tag{2-1}$$

其中,C_m、I、Δt、m 和 ΔV 分别代表比电容(F·g^{-1})、施加电流(A)、放电时间(s)、活性物质质量(g)和工作窗口电压(V)。

库仑效率计算公式如下:

$$\eta = t_d/t_c \tag{2-2}$$

其中,t_c 和 t_d 分别表示充放电的时间。

2.4.1.2　非对称电容器的组装及其测试

以所合成的电极材料为正极,硼氮掺杂的碳为负极,以 2 mol·L^{-1} KOH 为电解液,NKK 为隔膜,组装非对称电容器。所组装的非对称电容器称为 ASC 器件,基于电荷平衡原理计算 ACS 器件的正极和负极的质量比。计算公式如下:

$$m^+/m^- = (C^- \times \Delta V^-)/(C^+ \times \Delta V^+) \tag{2-3}$$

其中,C、ΔV 和 m 分别表示电极材料的比电容(F·g^{-1})、电位(V)和质量(g)。+代表正极材料,-代表负极材料。

对于 ACS 器件,同样可以根据 GCD 曲线计算出比电容、功率和能量密度。ASC 器件的比电容计算公式如下:

$$C_{cell} = I\Delta t/(m\Delta V) \tag{2-4}$$

能量密度(E)和功率密度(P)计算公式如下:

$$E = 1/2C_{cell}V^2 \tag{2-5}$$

$$P = E/\Delta t \tag{2-6}$$

其中,C_{cell} 为电池总比电容(F·g^{-1}),m 为正负极的质量和(g),I 为放电电流（A），V 为电池操作电位（V），Δt 为放电时间（s）。

2.4.2 钠离子电池性能测试

2.4.2.1 电极片的制备

（1）黏结剂的制备：将 PVDF 与 NMP 按照 m_{PVDF} ：m_{NMP} ＝1：19 加入到密封称量瓶中，避光缓慢匀速磁力搅拌 12 h，得到 5% 的黏结剂待用。

（2）电极浆料的制备：将合成的电极材料、导电炭黑和黏结剂按照 $m_{电极材料}$ ：$m_{导电炭黑}$ ：$m_{黏结剂}$ ＝8：1：1 进行均匀混合，搅拌 3 h 后获得电极浆料。

（3）电极片的制备：将搅拌均匀的浆料用涂膜器均匀涂覆在裁剪好的 10 cm×10 cm 的铜箔上，然后将涂覆好的铜箔转移至真空干燥箱中 60 ℃ 真空干燥 8 h。将烘干的极片裁剪成圆形之后再次转移至真空干燥箱中 120 ℃ 干燥 12 h 后待用。极片负载的活性物质的质量计算公式为：$m_{活性物质}$ ＝（$m_{极片}$ －$m_{铜箔}$）×80%。

2.4.2.2 钠离子电池的组装

本书所涉及的电极材料的电化学性能测试是通过组装 2032 型半电池完成的。组装过程如下：取一个清洗干净的正极壳，放置一个垫片，将裁剪好的厚度为 1 mm 的钠片放置在垫片上，滴加 3 滴电解液，然后依次放置负极片、垫片和弹片，最后再盖上负极壳，使用 80 MPa 的封口机进行封口。所有组装完的电池均需 25 ℃ 恒温静置 24 h 后再进行测试。

2.4.2.3 钠离子电池性能测试

本书中所有的钠离子电池均是 2032 型纽扣电池。测试内容如下：

（1）循环伏安（CV）测试：CV 曲线主要以不同的扫描速率进行扫描，记录下不同扫描速率所对应的 CV 曲线，对曲线中不同位置的峰进行分析，以此探究所制备材料的氧化还原机理。此外，钠离子的扩散系数和电极材料相关电容行为亦可通过 CV 曲线进行评价。

（2）恒流充放电（GCD）法：GCD 法是一种用于评估材料的电压平台的常用方法。通过对电池进行恒电流充放电，并且实时记录电压与时间之间的关系，来研究电极材料的电化学性能和充放电平台。

（3）交流阻抗（EIS）测试：EIS 测试是用来研究电极界面阻抗、电荷转移电阻以及反应动力学的重要手段。本书使用 CHI660E 型工作站在频率为 0.01~100 kHz 的条件下对电池进行交流阻抗测试，结果通过软件 ZView 选取相对应的电路图进行拟合后分析。

（4）恒电流间歇滴定（GITT）测试：GITT 测试是用来计算电极材料中钠离子扩散速率的。GITT 使用低电流、长时间静置以及恒电流放电脉冲，本书测试过程中使用的电流密度为 0.1 A · g^{-1}，弛豫时间为 10 min。

2.4.3　电解水性能测试

2.4.3.1　工作电极的制备

（1）粉末样品工作电极的制备：准确称量 5 mg 催化剂和 0.5 mg 炭黑（导电剂），将其充分混合后分散到 1 mL 混合溶剂（溶剂包括 10 μL 5% Nafion 溶液、0.4 mL 水和 0.6 mL 乙醇）中超声 30 min。将所制备的催化剂浆料均匀涂覆在集流体泡沫镍（涂覆面积为 1.0 cm^2）上，每个工作电极质量约为 3.0 mg，将其在 60 ℃烘干 8 h，用于电催化性能测试。

（2）自支撑工作电极的制备：将合成的自支撑样品裁剪成 2.0 cm×1.0 cm 大小后，直接用作工作电极。

2.4.3.2　电催化 HER 性能测试

采用三电极体系对所合成的催化剂进行 HER 性能测试，其中以饱和 Ag/AgCl 作为参比电极，石墨棒作为辅助电极，制备的各种催化剂作为工作电极。电化学测试在 N$_2$ 饱和的 1.0 mol · L^{-1} KOH 电解液中进行。测试前，工作电极先运行 10 圈 CV 进行电化学预活化。CV 测试范围为 -1 ~ -2 V。线性循环伏安扫描（LSV）测试的扫速为 2 mV · s^{-1}，测试的电压范围为 -1 ~ -2 V。所得的电势换算成标准氢电极（RHE）电势，公式为：$E_{RHE} = E_{Ag/AgCl} + 0.059$ pH $+ 0.1988$。电化学阻抗测试在 0.01~105 Hz 频率范围内进行。通过不同扫速的 CV 测试，获得相应的电化学双层电容（C_{dl}）。长时间的耐久性测试是在 10 mA · cm^{-2} 的过电位下进行的。

2.4.3.3　电催化 OER 性能测试

采用三电极体系对所合成的催化剂进行 OER 性能测试。OER 发生在

1.0 mol·L⁻¹ KOH 电解液中,CV 范围为 0 ~ 1 V;LSV 电压区间为 0 ~ 1 V,
扫速为 2 mV·s⁻¹。

2.4.3.4　全解水性能测试

采用两电极体系在 1.0 mol·L⁻¹ KOH 电解液中进行,其中阴极和阳极
为合成的双功能催化剂。CV 和 LSV 的电压范围为 1 ~ 2 V。发生电解水反
应后,在工作电极上会产生体积较大的气泡,即为氧气。另一个电极表面产
生密集的小气泡,即为氢气。

第3章 CoP 纳米片组装多孔空心微球的可控制备及其在超级电容器中的应用

3.1 引　　言

过渡金属间隙化合物包括过渡金属硫化物、碳化物、硒化物、氮化物和磷化物,它们具有较高的理论比容量和良好的导电性,被认为是储能领域优异的超级电容器材料。其中,磷化钴(CoP)与过渡金属氢氧化物/氧化物材料相比具有准金属特性和高电导率,在保持高比电容的同时呈现出更加优异的倍率特性和循环稳定性。到目前为止,不同微观结构的 CoP 材料已经被设计出来并作为非对称电容器正极材料应用于非对称超级电容器器件中,表现出优异的电容特性。通常,二维(2D)多孔纳米片是一种很有前景的电极材料,它具有较大的比表面积和良好的传质能力,有利于提供更多的离子/电子传输位点,缩短离子扩散路径。笔者之前的工作已经证实了二维的 CoNiP 多孔纳米片具有良好的储能性能。但是,单独的多孔纳米片在进行电化学测试过程中很容易出现坍塌和积聚现象,从而导致其容量衰减且循环稳定性变差。笔者发现将二维多孔纳米片进行合理的组装可以有效防止纳米片在使用过程中重新堆叠,很大程度上提高了电极材料的循环稳定性。

在本章中,笔者通过溶剂热-磷化法合成了多孔纳米片组装的中空 CoP 电极材料。一般来说,磷化物通常是通过相应的金属配合物可控磷化处理形成的。在合成过程中,笔者首先通过简单的溶剂热反应合成出由纳米片组装的 Co-EG 前驱体。随后通过可控磷化处理,最终形成了由 CoP 纳米片构建的 HCPS。合成的 HCPS 具有较大的比电容($723\ \mathrm{F\cdot g^{-1}}$, $1\ \mathrm{A\cdot g^{-1}}$)、较

好的倍率性能(71.21%,30 A·g^{-1})和超强的循环稳定性(50000 次循环后
为 94.3%)。优异的性能主要归功于其独特的结构、丰富的活性位点、快速
的反应动力学、氧化还原反应中的还原应变和快速的离子/电子传递。此
外,由 HCPS 和 BNGC 组装的 ASC 也展示了较大的比电容、能量密度和卓越
的稳定性。

3.2　结果和讨论

3.2.1　CoP 纳米片组装 HCPS 的形貌与结构

图 3-1 为 HCPS 电极材料的合成示意图。如图 3-1 所示,HCPS 是由多
孔片状结构组装而成的。在合成过程中,溶解热合成法在形成 Co-EG 聚合
体过程中起到关键作用。高温高压反应 10 h 后得到结构优化的 Co-EG-10
前驱体。随后,将 Co-EG-10 前驱体高温可控磷化处理得到 HCPS。因此,
利用该合成方法,笔者获得了具有大比表面积、高导电性和中空结构的二维
多孔纳米片组装的 HCPS 电极材料。

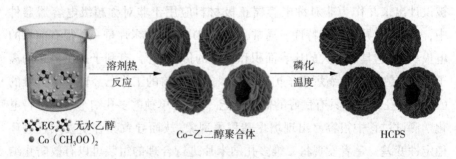

图 3-1　HCPS 电极材料的合成示意图

首先,通过 XRD 对 Co-EG-10 前驱体的晶体结构进行分析。如图 3-2
所示,Co-EG-10 前驱体在 2θ 为 11°处的很强的衍射峰对应于 Co-EG 配合
物的特征峰,证实了通过溶剂热法可以成功合成出 Co-EG-10,为 HCPS 的
制备提供前驱体和模板。

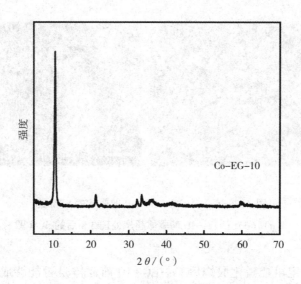

图 3-2　Co-EG-10 前驱体的 XRD 谱图

　　为了观察 Co-EG-10 前驱体的形态和结构,笔者对其进行了 SEM 的表征。图 3-3(a)和图 3-3(b)为 Co-EG-10 前驱体的 SEM 图。由图可以看出,Co-EG-10 前驱体为光滑片层组装的三维微球,平均直径约为 1 μm,并且分散均匀。但是,由于三维微球壳层很厚,因此不能观察其内部结构。为了深入研究前驱体内部结构,笔者将 Co-EG-10 前驱体超声处理 3 h,干燥后进行 SEM 测试。如图 3-3(c)和图 3-3(d)所示,从破碎的 Co-EG-10 前驱体可以看到其内部呈现出中空结构,并且 Co-EG-10 微球是由许多厚度为几十纳米的纳米片构成的,如图 3-3(d)所示。

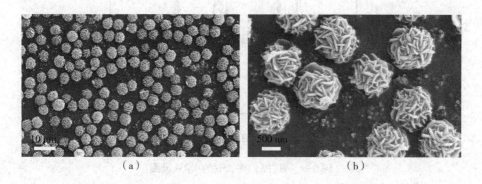

（a）　　　　　　　　　　　　　　　　（b）

（c）　　　　　　　　　　　　　　（d）

图 3-3　（a）、（b）Co-EG-10 前驱体的 SEM 图；
（c）、（d）Co-EG-10 前驱体超声处理 3 h 后的 SEM 图

　　为了确定可控磷化煅烧后 Co-EG-10 前驱体是否能够成功转化为相应的 CoP 材料，笔者对 Co-EG-10 前驱体在 350 ℃ 低温磷化后的样品 HCPS-10 -350 进行了 XRD 测试。如图 3-4 所示，HCPS-10-350 在 31.6°、36.3°、46.2°、48.2°、52.4°、56.0° 和 56.8°处有明显的衍射峰，分别对应于 CoP 的（011）、（111）、（112）、（211）、（103）、（020）和（301）晶面。测试结果表明经过低温磷化处理，Co-EG-10 前驱体已经成功转化为 HCPS-10-350。

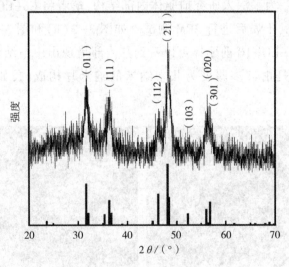

图 3-4　HCPS-10-350 的 XRD 谱图

　　笔者利用 SEM 研究了磷化后 HCPS-10-350 的形貌。从图 3-5(a)至图 3-5(c)中可以清晰看出,经过煅烧后的 HCPS-10-350 仍为片层组装的三维微球结构,整体形貌保持不变,但是组装微球的片层表面变得粗糙,这与聚合物中的有机物在磷化过程中的分解有关。相应的 EDX 元素分布图像表明,Co 和 P 元素均匀分布在 HCPS-10-350 中,进一步说明 Co-EG-10 前驱体成功转化为 HCPS-10-350。

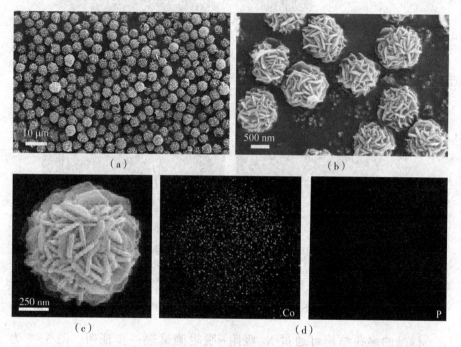

图 3-5　(a)~(c) HCPS-10-350 的 SEM 图;(d) HCPS 中 Co 和 P 的 EDX 图像

　　通过 TEM 对 HCPS-10-350 的微观结构进行了进一步的表征。TEM 图也证实了 HCPS-10-350 为片层组装的多孔空心微球,并且从图 3-6(a)、图 3-6(b)和图 3-6(c)中可以看出,HCPS-10-350 是由许多二维纳米薄片组成的空心球体。此外,这些纳米片表面粗糙并且有大量的孔隙,与聚合物中有机物煅烧分解有关,这与 SEM 分析结果是一致的。图 3-6(d)为 HCPS-10-350 的高分辨透射电镜(HRTEM)图,从图中可以明显看出晶格条纹的存在,证明 HCPS-10-350 具有很强的结晶性,晶面间距为 0.248 nm 和 0.272 nm,分别对应于 CoP 的(111)晶面和(002)晶面,进一步确定 Co-EG

聚合体在磷化煅烧条件下转化为相应的磷化物(HCPS-10-350)。

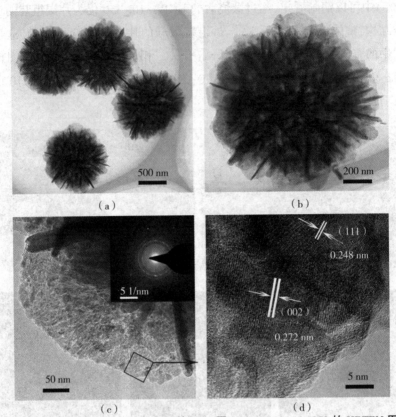

图 3-6　(a)~(c) HCPS-10-350 的 TEM 图;(d) HCPS-10-350 的 HRTEM 图

　　样品的多孔结构可通过 N_2 吸附-脱附测试进一步证明。图 3-7 为
Co-EG-10 前驱体和 HCPS-10-350 的 N_2 吸附-脱附等温线和孔径分布
图。由图可知,HCPS-10-350 显示出典型的 Ⅳ 型吸附-脱附曲线,并且在
p/p_0 为 0.4~1.0 处有 H2 型滞后环存在。此外,在 HCPS-10-350 的 N_2
吸附-脱附等温线上,还可以看到曲线在低压区(0.1~0.3)有轻微上升。
以上分析表明,HCPS-10-350 中存在大量的微孔和介孔结构,并且其 BET
比表面积为 160.2 $m^2 \cdot g^{-1}$,远远大于 Co-EG-10 前驱体(86.3 $m^2 \cdot g^{-1}$)和
其他条件合成出的磷化物,如表 3-1 所示。其大的比表面积很大程度上源
于中空结构和磷化过后有机物分解得到的丰富孔隙。HCPS-10-350 相应孔
径分布(图 3-7 插图)显示其平均孔径为 16.41 nm。分级孔、中空结构和大
比表面积赋予 HCPS-10-350 更多的活性位点和更大的电解液有效接触面

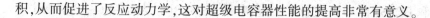

积,从而促进了反应动力学,这对超级电容器性能的提高非常有意义。

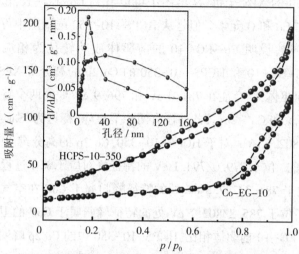

图 3-7　Co-EG-10 前驱体和 HCPS-10-350 的 N_2 吸附-脱附等温线和孔径分布图

表 3-1　HCPS-10-350 和对比样品的 N_2 吸附-脱附参数

样品名称	$S_{BET}/(m^2 \cdot g^{-1})$	孔容/$(cm^3 \cdot g^{-1})$	孔径/nm
Co-EG-10	86.2695	0.17436	7.3594
HCPS-4	44.2687	0.15488	12.0255
HCPS-6	72.4262	0.270162	14.7053
HCPS-8	90.8701	0.259349	15.3774
HCPS-10-350	160.2167	0.265230	16.4102
HCPS-12	135.2898	0.279993	10.3884
HCPS-10-300	142.5273	0.181186	7.1880
HCPS-10-400	78.2667	0.0941	6.9271
Co_3O_4	154.2368	0.2925	14.3578

电极材料的化学组成和状态对电化学储能性能具有重要的影响。为了确认所合成样品表面的化学成分和原子的化学环境,笔者对 Co-EG-10 前

驱体和 HCPS-10-350 进行了 XPS 测试。图 3-8(a) 为 Co-EG-10 前驱体和 HCPS-10-350 的 XPS 全谱，从谱图中可以看到 Co-EG-10 和 HCPS-10-350 中均存在 Co 和 O 元素。但是从 HCPS-10-350 的谱图中可以明显看到额外的 P 2p 峰，说明 Co-EG-10 的前驱体成功转化为相应的 CoP。图 3-8(b) 为 Co-EG-10 和 HCPS-10-350 的 Co 2p 的高分辨 XPS 谱图，对于 Co-EG-10 前驱体，结合能在 781.0 eV 和 796.9 eV 处的两个特征峰分别对应于 Co^{2+} $2p_{3/2}$ 和 Co^{2+} $2p_{1/2}$，此外还有两个卫星峰(标记为"Sat.")分别位于 785.2 eV 和 802.6 eV。对于 HCPS-10-350，Co 2p 的高分辨 XPS 谱图可分为三对特征峰。位于 779.0/794.1 eV 的特征峰对应于磷化过程中 Co—P 中的金属钴；位于 781.7/797.8 eV 处的特征峰归属于 CoP 在空气中表面氧化的 Co—O 键；位于 785.2/802.7 eV 处的特征峰归属于 CoP 的卫星峰。重要的是，与 Co-EG-10 前驱体相比，HCPS-10-350 中的 Co 2p 峰明显发生了正移，这表明由于 P 的引入，Co 向高氧化态移动。图 3-8(c) 为 Co-EG-10 和 HCPS-10-350 的 P 2p 的高分辨 XPS 谱图，可以观察到 Co-EG-10 前驱体没有 P 的特征峰。对于 HCPS-10-350，位于 129.4 eV 和 130.2 eV 的结合能对应于 CoP 中的 Co—P 键。133.7 eV 处的宽峰是样品表面轻微氧化引起的。Co-EG-10 前驱体和 HCPS-10-350 的 O 1s 高分辨 XPS 谱图如图 3-8(d) 所示，对于 Co-EG-10 前驱体，位于 530.3 eV、531.2 eV 和 532.3 eV 处的特征峰分别对应于 Co—O 键、Co—OH 键和 CoP 表面的吸附水。然而经过可控磷化煅烧后，HCPS-10-350 的 O 1s 高分辨 XPS 谱图中只有 2 个特征峰，位于 530.3 eV 的 Co—O 键消失，说明 Co-EG-10 前驱体成功转化为 HCPS-10-350。

综上所述，通过 XRD、SEM、TEM、N_2 气吸附-脱附和 XPS 的分析结果可以看出，Co-EG-10 前驱体已经成功转化为 HCPS-10-350，并且所制备的 CoP 纳米片组装的 HCPS 具有大比表面积、高电导性和独特的中空微观结构。其中，多孔 CoP 纳米片暴露出更大的活性比表面积，为电解液提供更多的活性位点；中空结构可以防止 CoP 片层在电化学反应过程中的聚集和坍塌，能够应对体积变化；此外，磷化物自身的高导电性可以大幅度增强传质和传荷能力，为电化学性能的提升提供了有效的保证。

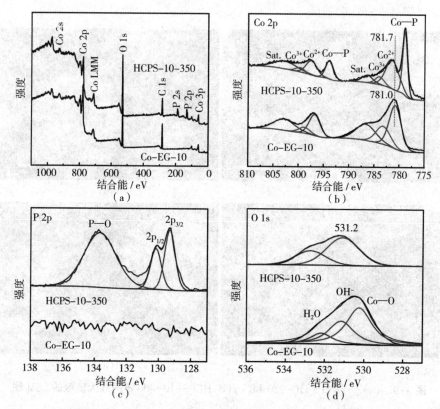

图 3-8　Co-EG-10 **前驱体和** HCPS-10-350 **的** XPS **谱图**

(a)全谱;(b) Co 2p;(c)P 2p;(d)O 1s

　　一般说来,电极材料的结构和组分直接影响其电化学性能。为了制备具有优异电容性能的超级电容器电极材料,笔者进行了一系列对照实验以调控 HCPS 的结构和组分。首先,通过改变磷化温度对 Co-EG-10 前驱体的微观结构进行调控。图 3-9(a)和图 3-9(b)为在 300 ℃下磷化处理 Co-EG-10 前驱体所获样品(HCPS-10-300)的 SEM 图。从图中可以观察到,与 Co-EG-10 前驱体相比,HCPS-10-300 的形貌没有变化。但是,当磷化温度升到 400 ℃时,HCPS-10-400 的表面变得粗糙,并且在一定程度上发生了坍塌和聚集,如图 3-9(c)和图 3-9(d)所示,说明过高的磷化温度不利于 HCPS 结构的保持。

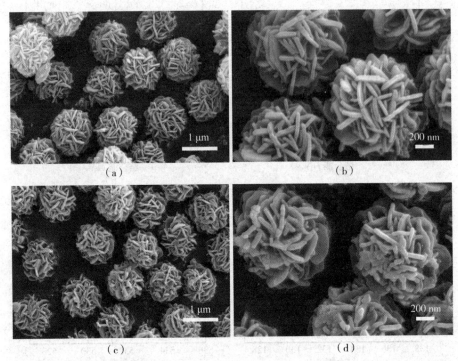

图 3-9　（a）（b）HCPS-10-350 和（c）（d）HCPS-10-400 不同放大倍数的 SEM 图

　　图 3-10 为 Co-EG-10 前驱体在不同磷化温度下煅烧获得的 HCPS 样品的 XRD 谱图。由图可知，随着煅烧温度的升高，HCPS 的晶型没有发生变化，只是结晶度增大。此外，HCPS 微观结构的变化也可以通过 BET 比表面积反映出来。如表 3-1 所示，HCPS 的比表面积从 142.5 $m^2 \cdot g^{-1}$（HCPS-10-300）增加到 160.2 $m^2 \cdot g^{-1}$（HCPS-10-350），这主要归因于在煅烧过程中 Co-EG-10 前驱体中易挥发组分的释放，进而形成了大量的孔隙。然而，随着磷化温度上升到 400 ℃，其比表面积下降到 78.3 $m^2 \cdot g^{-1}$（HCPS-10-400），这进一步说明过高的温度使 HCPS 的结构发生坍塌，与 SEM 分析结果一致。

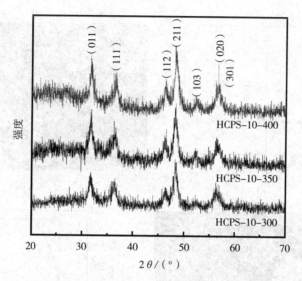

图 3-10　HCPS-10-300、HCPS-10-350 和 HCPS-10-400 的 XRD 谱图

　　此外,电极材料的组分对电化学性能的影响也是巨大的,笔者将 Co-EG-10 前驱体在没有 NaH_2PO_2 存在的情况下,在空气中以 3 ℃ · min^{-1} 加热至 350 ℃,煅烧后获得钴的氧化物。通过 XRD 对煅烧样品的晶体结构进行分析。如图 3-11(a)所示,煅烧样品的衍射峰对应于 Co_3O_4 晶相,说明经过空气煅烧,Co-EG-10 前驱体转化为相应的 Co_3O_4 多孔微球。图 3-11(b)和图 3-11(c)为 Co_3O_4 多孔微球不同放大倍数的 SEM 图,从图中可知,Co_3O_4 多孔微球与 HCPS-10-350 的结构相似,均为纳米片组装的 HCPS,并且 Co_3O_4 多孔微球的比表面积为 154.2 $m^2 \cdot g^{-1}$,如图 3-11 (d)所示,其值与 HCPS-10-350 也十分接近,说明 Co_3O_4 多孔微球与 HCPS-10-350 具有相似的结构,但是组分不同,从而证实了 NaH_2PO_2 在合成磷化物过程中的重要性。

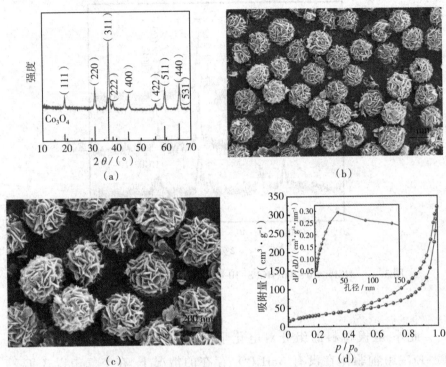

图 3-11 （a）Co_3O_4 样品的 XRD 谱图；（b）（c）Co_3O_4 样品不同放大倍数的 SEM 图；
（d）N_2 吸附-脱附等温线和孔径分布图

从以上实验和表征结果中可以看出，Co-EG-10 前驱体可以通过磷化煅烧转化为一系列 HCPS 电极材料，并且 Co-EG-10 前驱体的形貌与 CoP 的结构密切相关。为了解 Co-EG-10 前驱体的形成过程，笔者进一步通过改变溶剂热反应时间对前驱体的合成过程进行研究。图 3-12 为不同溶剂热反应时间条件下 HCPS 的 SEM 图。从图 3-12 中可以观察到 Co-EG-10 前驱体中空结构的演化过程。首先，在溶剂热反应进行 4 h 时，Co-EG-10 前驱体呈现出纳米片结构，如图 3-12（a）所示。随着时间的延长（6 h），部分纳米片倾向于组装成空心微球，此时纳米片和空心微球在图 3-11（b）可以同时观察到。当溶剂热时间达到 8 h 时，从图 3-12（c）中可以看到 Co-EG-10 前驱体大部分为纳米片组装的中空微球。但随着溶剂热反应时间的进一步延长（12 h），Co-EG-10 前驱体的中空微球结构发生堆积并且部分被破坏，如图 3-12(d)所示,说明溶剂热反应时间过长不利于中空微球结构的形成。上述结果表明,通过改变实验条件可以调控 Co-EG-10 前驱体的形貌,进而调节相应磷化物的微观结构。

图 3-12　(a)Co-EG-4、(b)Co-EG-6、(c)Co-EG-8 和(d)Co-EG-12 的 SEM 图

3.2.2　CoP 纳米片组装 HCPS 的电化学性能

为了探索 HCPS 作为超级电容器电极的优势,笔者首先采用三电极体系以 2 mol · L^{-1} KOH 溶液为电解液对 HCPS 的超级电容器性能进行测试。为了进行比较,在相同的测试条件下还测量了 Co$_3$O$_4$ HCPS 和不同实验条件下合成的 HCPS 的超级电容器性能。图 3-13(a) 为在 -0.2~0.5 V 电压范围内电极材料在 20 mV · s^{-1} 扫描速率下的 CV 曲线。如图所示,HCPS 电极展示出了明显的氧化还原峰,在电化学反应中,金属磷化物与电解液 KOH 反

应并在 CoP 表面生成新的活性物质(钴的氧化物/氢氧化物)，从而在增加导电性的同时提高了电极材料的电容特性。可以将 0.1/0.05 V 和 0.42/0.43 V 处的两对氧化还原峰对应于方程式(3-1)和(3-2)中所示的两个氧化还原反应。0.31 V 处的阳极峰对应于 0.28 V 处的阴极峰，这可归因于方程式(3-3)的可逆反应。

$$CoP + OH^- \longleftrightarrow CoPOH + e^- \tag{3-1}$$

$$CoPOH + OH^- \longleftrightarrow CoPO + H_2O + e^- \tag{3-2}$$

$$Co_xP_yO_z + xOH^- \longleftrightarrow Co_xP_yO_z(OH)_x + e^- \tag{3-3}$$

另外，从 Co-EG-10 前驱体和 Co_3O_4 电极的 CV 曲线可以看出，在 0.41/0.20 V 附近的氧化还原峰归因于 Co^{2+}/Co^{3+} 之间的价态变化。值得关注的是，与其他电极相比，HCPS-10-350 的 CV 面积最大，证实了 HCPS-10-350 的比电容最大。图 3-13(b)为不同电极材料在 $1\ A\cdot g^{-1}$ 电流密度下的 GCD 曲线。GCD 曲线显示了与氧化还原反应相对应的充放电平台，进一步证实了电极的赝电容行为。根据 GCD 曲线，HCPS-10-350 的比电容达到 $723\ F\cdot g^{-1}$，高于其他合成条件下的 HCPS 电极材料的比电容。同时，笔者还在不同电流密度下对 HCPS-10-350 进行了 GCD 测试，如图 3-13(c)所示。通过计算可知，HCPS-10-350 在 $1\ A\cdot g^{-1}$、$2\ A\cdot g^{-1}$、$3\ A\cdot g^{-1}$、$5\ A\cdot g^{-1}$ 和 $10\ A\cdot g^{-1}$ 电流密度下的比电容分别为 $723\ F\cdot g^{-1}$、$692\ F\cdot g^{-1}$、$677\ F\cdot g^{-1}$、$650\ F\cdot g^{-1}$ 和 $637\ F\cdot g^{-1}$(表3-2)。图 3-13(d)为 HCPS 电极材料的比电容随电流密度变化图，从图中可以看出 HCPS-10-350 比其他电极材料具有更大的比容量。电流密度从 $1\ A\cdot g^{-1}$ 增加到 $30\ A\cdot g^{-1}$ 时，HCPS-10-350 有 71.21% 的良好电容保持率，而 Co-EG-10 前驱体、Co_3O_4、HCPS-10-300 和 HCPS-10-400 在 $30\ A\cdot g^{-1}$ 时的电容保持率分别为 20.25%、40.47%、57.66% 和 64.28%。很明显，HCPS-10-350 表现出最大的比电容和良好的倍率性能。HCPS-10-350 优异的电化学性能主要归因于其自身高电导率、大比表面积和由二维多孔纳米片组成的空心结构。

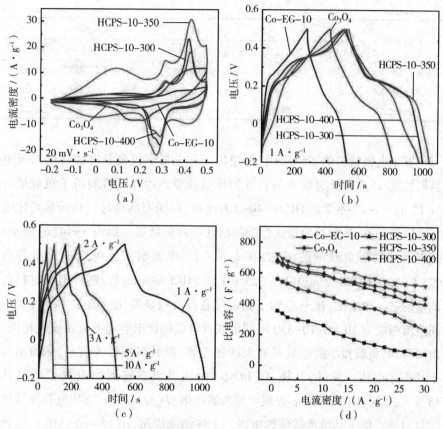

图 3-13　（a）不同电极在 20 mV·s⁻¹ 扫描速率下的 CV 曲线；

（b）不同电极在 1 A·g⁻¹ 电流密度下的 GCD 曲线；

（c）HCPS-10-350 电极在不同电流密度下的 GCD 曲线；

（d）不同电极的比电容随电流密度变化图

表 3-2　由 GCD 曲线计算得到的不同电极的比电容结果

样品名称	C/(F·g⁻¹)						
	1A·g⁻¹	2A·g⁻¹	3A·g⁻¹	5A·g⁻¹	10A·g⁻¹	20A·g⁻¹	30A·g⁻¹
Co-EG-10	355	337	312	297	259	124	72
HCPS-4	428	374	347	322	296	257	216
HCPS-6	505	489	443	385	322	291	271
HCPS-8	712	672	635	586	521	483	467
HCPS-10-350	723	692	677	650	637	564	515
HCPS-12	625	590	561	526	480	435	384

续表

样品名称	$C/(\mathrm{F \cdot g^{-1}})$						
	$1\mathrm{A \cdot g^{-1}}$	$2\mathrm{A \cdot g^{-1}}$	$3\mathrm{A \cdot g^{-1}}$	$5\mathrm{A \cdot g^{-1}}$	$10\mathrm{A \cdot g^{-1}}$	$20\mathrm{A \cdot g^{-1}}$	$30\mathrm{A \cdot g^{-1}}$
HCPS-10-300	685	664	646	633	597	488	395
HCPS-10-400	672	653	638	616	584	517	432
Co_3O_4	561	543	530	496	453	368	227

鉴于电极材料的实际应用，理想的工作电极不仅要具有优良的超级电容器性能，还应该具有较大的活性物质负载量。因此笔者制备了负载量为 $2\sim12$ $\mathrm{mg \cdot cm^{-2}}$ 不等的 HCPS-10-350 电极，以研究活性材料负载量与比电容之间的关系，从而给出最优性能的活性物质负载量。如图 3-14(a) 所示，随着活性物质负载量的增加，在 1 $\mathrm{A \cdot g^{-1}}$ 电流密度下电极的比电容由 995 $\mathrm{F \cdot g^{-1}}$(HCPS-2 mg)降至 723 $\mathrm{F \cdot g^{-1}}$(HCPS-6 mg)。随着电极材料负载量的进一步增加，比电容趋于稳定并且没有明显变化。图 3-14(b) 为不同电流密度下 HCPS-10-350 不同负载量电极的比电容随电流密度变化图。由图可知，负载量小的电极具有大的比电容，但其倍率性能较差，从而不利于其实际应用。此外，从图 3-14(b) 中还可以观察到当电流密度高达 15 $\mathrm{A \cdot g^{-1}}$ 时，HCPS-6 mg 表现出最大的比电容(621 $\mathrm{F \cdot g^{-1}}$)和电容保持率 (71.21%)，优于其他负载量的电极。上述结果表明，HCPS-10-350 电极理想的活性物质负载量为 6 mg。因此，本实验在三电极体系测试过程中所有电极的活性物质负载量均采用 6 mg。

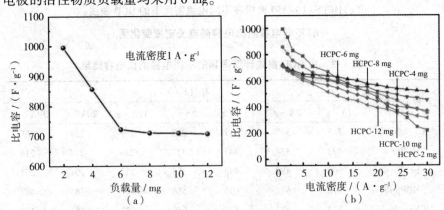

图 3-14　(a)HCPS-10-350 不同电极负载量与在 1 $\mathrm{A \cdot g^{-1}}$ 电流密度下比电容的关系图;(b)不同电极的比电容随电流密度的变化图

　　具有高倍率特性和充放电可逆性的电极材料对于构建超级电容器至关重要。为了验证 HCPS-10-350 电极作为超级电容器正极材料的优越性,笔者对 HCPS-10-350 电极在 10~100 mV·s^{-1} 的不同扫描速率下进行了 CV 测试。如图 3-15(a)所示,随着扫描速率的增大,HCPS-10-350 电极材料受到极化的影响,氧化还原峰逐渐向电压窗口的两侧移动,但 CV 曲线整体形状没有发生变化。当扫描速率增大到 100 mV·s^{-1} 时,HCPS-10-350 电极的 CV 曲线形状仍然没有发生明显的畸变,表明其具有优越的倍率特性和良好的充放电可逆性。为了进一步确定 HCPS-10-350 电极的电荷存储机制,笔者根据公式(3-4)和(3-5),通过拟合各种扫描速率下的 CV 曲线来验证 HCPS-10-350 电极的动力学行为:

$$i = av^b \qquad (3-4)$$

$$\lg i = b\lg v + \lg a \qquad (3-5)$$

式中,a 和 b 为可调参数,i 为峰值电流,v 为扫描速率。其中,b 的值可以由 $\lg i$ 与 $\lg v$ 的线性关系图的斜率来确定,它与电化学过程中电荷存储的贡献有关。因此,其值的大小可以用来确定反应过程中电极的电荷存储机制。一般来说,b 值接近 0.5 表明电化学过程是一个典型的扩散控制过程,值为 1 则表明电化学过程是一个电容控制过程。从图 3-15(b)中可以看出,HCPS-10-350 电极的氧化还原峰的线性拟合 b 值分别为 0.71、0.78、0.75、0.72、0.76 和 0.63,在 0.5~1 之间,表明其在电化学反应过程中同时存在扩散电容和法拉第准电容,但是法拉第准电容行为是主导行为。

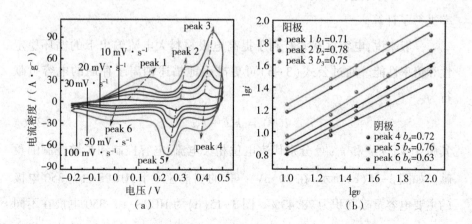

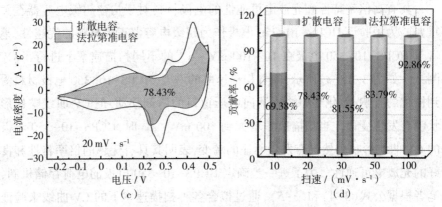

图 3-15　（a）HCPS-10-350 电极在不同扫描速率下的 CV 曲线；

（b）不同氧化还原状态下 $\lg i$ 对 $\lg v$ 的线性关系图；

（c）HCPS-10-350 电极在 20 mV · s^{-1} 下的准电容占比；

（d）HCPS-10-350 电极在不同扫描速率下的准电容占比

　　为了进行比较，笔者对 Co_3O_4 电极进行了相同的测试（图 3-16）。结果表明，Co_3O_4 电极的氧化还原峰的线性拟合 b 值分别为 0.73 和 0.64，同样在 0.5～1 之间，可以看出 Co_3O_4 电极在电化学反应过程中同 HCPS-10-350 电极一样，也同时存在扩散电容和法拉第准电容。以上结果证实，无论是过渡金属磷化物还是过渡金属氧化物均为准电容占主导作用。此外，笔者进一步对 HCPS-10-350 电极和 Co_3O_4 电极的准电容贡献率进行了计算。

　　一般来说，电容贡献大有利于提高电极材料大电流输出下的循环稳定性和倍率性能。通过公式（3-6）可更准确地描述钠离子存储的电容贡献行为：

$$i(V) = k_1 v + k_2 v^{1/2} \tag{3-6}$$

其中，$i(V)$、$k_1 v$ 和 $k_2 v^{1/2}$ 分别代表电位相关电流、电容控制和扩散控制的贡献。如图 3-15（c）所示，在 20 mV · s^{-1} 的扫描速率下，HCPS-10-350 电极的主要电容贡献面积为 78.43%。图 3-15（d）为 HCPS-10-350 电极在不同扫描速率（10～100 mV · s^{-1}）下的电容贡献柱状图。可以看出，随着扫描速率的增大,HCPS-10-350 电极的电容贡献从 69.38% 增加到 92.86%,该结果说明 HCPS-10-350 电极的电荷存储机制主要由电容控制过程主导,并且随着扫描速率的增大,准电容贡献占比逐渐增大,进一步证明了其快速的电化学动力学。HCPS-10-350 电极在所有扫描速率下都比 Co_3O_4 电极表现出更高的电容贡献占比,如图 3-16(c) 和图 3-16(d) 所示。HCPS-10-350 电极较大的电容贡献主要归因于其自身卓越的导电性和独特的结构可以为电子转移提供低电阻路径。

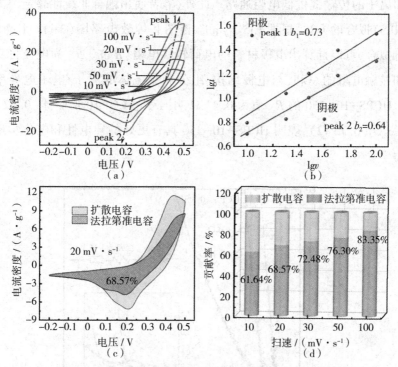

图 3-16　(a) Co_3O_4 电极在不同扫描速率下的 CV 曲线;

(b) 不同氧化还原状态下 $\lg i$ 对 $\lg v$ 的线性关系图;(c) Co_3O_4 电极在 20 mV·s^{-1} 下的准电容占比;

(d) Co_3O_4 电极在不同扫描速率下的准电容占比

为了进一步对电极材料的传递动力学进行评价,笔者对 HCPS-10-350、Co-EG-10 前驱体和 Co_3O_4 进行了 EIS 测试。图 3-17 为 HCPS-10-350、Co-EG-10 前驱体和 Co_3O_4 的 EIS Nyquist 谱图。图中低频区显示一条倾斜

的直线,其斜率大小能够反映电极材料在电化学过程中氧化反应的可逆性;
高频区显示的半圆的半径大小能够反映出电解液离子在电极材料结构中的
离子转移和扩散的电阻大小。如图 3-17 所示,在低频区域,HCPS-10-350
的直线斜率大于 Co-EG-10 前驱体和 Co_3O_4,表明在电化学反应过程中,
HCPS-10-350 对电解液离子的吸附和解吸速度更快,这主要归功于 HCPS-
10-350 独特的结构和良好导电性。在高频区域,HCPS-10-350 具有最小
的电解液扩散电阻,说明 HCPS-10-350 纳米片组装的空心结构能够为电
子和离子的传输提供低电阻通路。此外,笔者使用耦合非线性薛定谔方程
(CNLS)拟合的方法,根据 EIS Nyquist 谱图和等效电路图(3-17 上插图)
进行拟合,可以计算出电极材料的电荷转移电阻(R_{ct})。R_{ct} 为电极自身电
阻和接触电阻的总和,与电极结构、组分和集流体的离子/电子电导率有
关。HCPS-10-350 的 R_{ct} 值为 0.41 Ω,小于 Co-EG-10 前驱体(0.92 Ω)
和 Co_3O_4(0.75 Ω),表明 HCPS-10-350 具有更好的导电性和电化学反应
动力学。

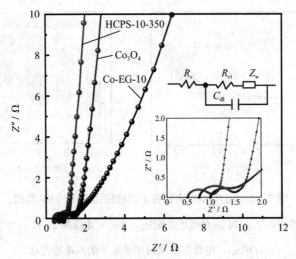

图 3-17　HCPS-10-350、Co-EG-10 前驱体和 Co_3O_4 的 EIS Nyquist 图,上插图为等效电路图

　　电极材料的循环稳定性对于超级电容器的实际应用是十分关键的。一
般来说,准电容电极材料虽然具有高比电容,但与碳材料相比其稳定性非常
不理想。因此,提升准电容电极材料的稳定性是十分必要的。图 3-18 为

HCPS-10-350 和 Co_3O_4 电极在 10 A·g^{-1} 电流密度下恒流充放电 50000 次的循环稳定性能图。在最初的 10000 次循环中,HCPS-10-350 的电容保持率略有增加(达到 112.7%),这种比电容的增加与电极材料的结构和活性物质种类有关。此外,随着循环次数的进一步增加,其电容保持率较稳定。最后,50000 次循环后的电容保持率约为 94.3%。相比之下,Co_3O_4 在 50000 次循环后其电容保持率为 76.4%,发生了明显的衰减。从测试结果看,HCPS-10-350 的稳定性可与商业碳材料相媲美。

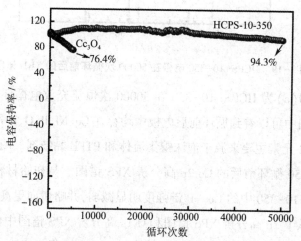

图 3-18　HCPS-10-350 和 Co_3O_4 电极在 10 A·g^{-1} 电流密度下循环 50000 次的稳定性能图

　　为了深入探究 HCPS-10-350 循环前后的电容特性变化,笔者对循环稳定性测试后的电极进行了 SEM、XRD 和 XPS 的表征,以确定电极材料的活性来源。图 3-19 为 HCPS-10-350 在 50000 次循环前后的 XRD 谱图。由图可以观察到循环后电极的衍射峰与原始电极的衍射峰几乎相同。但是,其衍射峰强度明显降低,这主要是在循环过程中 CoP 部分转化为无定形的 CoOOH 所致。相应的 XPS 分析进一步证明了循环后 HCPS-10-350 化学组分和化学状态的变化,如图 3-20 所示。

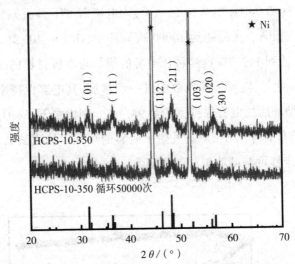

图 3-19　HCPS-10-350 电极在 50000 次循环前后的 XRD 谱图

图 3-20（a）为 HCPS-10-350 在 50000 次恒流充放电循环前后的 XPS 全谱，从谱图中可以看到循环前后电极中均存在 Co、Ni、P、O、F 和 C 元素，其中 Ni、F 和 C 元素主要来源于泡沫镍集流体和 PTFE 黏结剂。图 3-20（b）为 HCPS-10-350 循环前后的 Co 2p 高分辨 XPS 谱图。与初始材料相比，循环后的 HCPS-10-350 中的 Co—P 键强度明显减弱，并略微向更高的结合能移动。此外，从 P 2p 高分辨 XPS 谱图和 O 1s 高分辨 XPS 谱图中也可看出，循环后的电极材料中 Co—P 键强度减弱，而 Co—OH 键强度增强，这进一步表明 HCPS-10-350 循环后 CoP 部分转化为 CoOOH，这与 XRD 分析结果一致，如图 3-20（c）和图 3-20（d）所示。

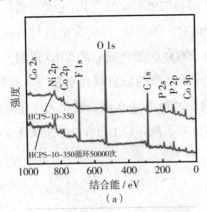

（a）

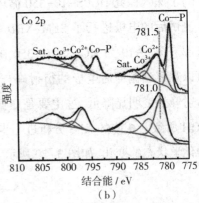

（b）

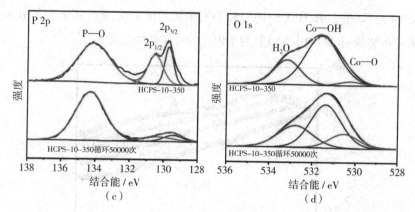

图 3-20　HCPS-10-350 在 50000 次恒流充放电循环前后的 XPS 谱图

（a）XPS 全谱；（b）Co 2p；（c）P 2p；（d）O 1s

图 3-21 为 HCPS-10-350 循环后不同放大倍数的 SEM 图,从图中可以看到即使在 50000 次恒流充放电循环后,HCPS-10-350 的结构仍然保持完整。以上结果进一步说明,HCPS-10-350 作为超级电容器电极具有显著的循环稳定性和良好的结构稳定性。因此,电极材料微观结构的构筑对提高电极材料循环稳定性具有非常重要的意义。

图 3-21　HCPS-10-350 循环后不同放大倍数的 SEM 图

此外,笔者还对不同溶剂热反应时间获得的电极材料进行了循环性能测试。从图 3-22 可知,HCPS-4、HCPS-6、HCPS-8 和 HCPS-12 在 50000 次循环后的电容保持率分别为的 70.8%、77.5%、90.2%和 87.9%,低于 HCPS-10-350

（94.3%）。结果表明，HCPS-10-350 具有最优的稳定性，进一步证实了由多孔纳米片组装的 HCPS-10-350 有利于电化学稳定性的提高。

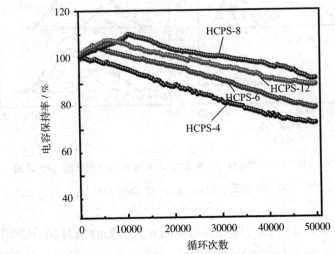

图 3-22 HCPS-4、HCPS-6、HCPS-8 和 HCPS-12 在 10 A·g^{-1} 电流密度下循环 50000 次的稳定性能图

图 3-23 为 HCPS-10-350 的结构示意图，由图可知，CoP 纳米片组装的 HCPS 具有以下特征：（1）CoP 自身的高电导率有利于在电化学反应过程中电荷的快速传输；（2）中空结构可以有效缓解充放电过程中体积的变化，并阻止纳米片聚集和坍塌；（3）多孔片层结构可以有效暴露出更多的活性位点，从而提高电极材料的比容量。归功于以上优点，HCPS-10-350 作为超级电容器电极材料表现出优异的电容特性，并且其性能远远高于文献报道的钴基电极材料，如表 3-3 所示。

图 3-23 HCPS-10-350 的结构示意图

表 3-3　三电极体系下 HCPS-10-350 与代表性钴基电极材料的电容性能

电极材料	比电容	电压	电容保持率	循环稳定性
HCPS-10-350	$1\ A \cdot g^{-1}$ 为 $723\ F \cdot g^{-1}$	$-0.2 \sim 0.5\ V$	$1 \sim 10\ A \cdot g^{-1}$ 为 88.1%,	$10\ A \cdot g^{-1}$ $10\ k$ 循环后为 112.7%,
Co(P, S)/CC	$1\ A \cdot g^{-1}$ 为 $610\ F \cdot g^{-1}$	$-0.2 \sim 0.45\ V$	$1 \sim 30\ A \cdot g^{-1}$ 为 71.21%	$10\ A \cdot g^{-1}$ $50\ k$ 循环后为 94.3%
CoP-NPC/GS	$3\ A \cdot g^{-1}$ 为 $166\ F \cdot g^{-1}$	$-0.1 \sim 0.4\ V$	$1 \sim 10\ A \cdot g^{-1}$ 为 56%	$10\ A \cdot g^{-1}$ $10\ k$ 循环后为 99%
CoP nanowire/CC	$5\ mV \cdot s^{-1}$ 为 $674\ F \cdot g^{-1}$	$0 \sim 0.6\ V$	$3 \sim 15\ A \cdot g^{-1}$ 为 83%	$7\ A \cdot g^{-1}$ $10\ k$ 循环后为 88%
CoP microcube	$1\ A \cdot g^{-1}$ 为 $560\ F \cdot g^{-1}$	$0 \sim 0.6\ V$	$5\ to\ 200\ mV \cdot s^{-1}$ 为 31.7%	$10\ mA \cdot cm^{-2}$ $3\ k$ 循环后为 86%
CoP-Ni$_2$P/NF	$1\ mA \cdot cm^{-2}$ 为 $1.43\ C \cdot cm^{-2}$	$0 \sim 0.4\ V$	$0.5 \sim 8\ A \cdot g^{-1}$ 为 69%	$5\ A \cdot g^{-1}$ $10\ k$ 循环后为 91.2%
CoP nanowire	$1\ A \cdot g^{-1}$ 为 $558\ F \cdot g^{-1}$	$0 \sim 0.6\ V$	$1\ to\ 10\ mA \cdot cm^{-1}$ 为 60.84%	$10\ mA \cdot cm^{-1}$ $5\ k$ 循环后为 43.7%
Co$_2$P nanoshuttle	$1\ A \cdot g^{-1}$ 为 $246\ F \cdot g^{-1}$	$-0.2 \sim 0.3\ V$	$1 \sim 20\ A \cdot g^{-1}$ 为 73%	$2\ A \cdot g^{-1}$ $15\ k$ 循环后为 98%
Ni-CoP@C@CNT	$1\ A \cdot g^{-1}$ 为 $708.1\ F \cdot g^{-1}$	$0 \sim 0.6\ V$	$1 \sim 20\ A \cdot g^{-1}$ 为 72%	$2\ A \cdot g^{-1}$ $1\ k$ 循环后为 72%
Hollow Co$_2$P nano-flower	$1\ A \cdot g^{-1}$ 为 $412.7\ F \cdot g^{-1}$	$-0.2 \sim 0.6\ V$	$1 \sim 20\ A \cdot g^{-1}$ 为 62.7%	$5\ A \cdot g^{-1}$ $3\ k$ 循环后为 76.1%
CoP nanoparticle	$1\ A \cdot g^{-1}$ 为 $447.5\ F \cdot g^{-1}$	$-0.2 \sim 0.6\ V$	$1 \sim 20\ A \cdot g^{-1}$ 为 64.6%	$5\ A \cdot g^{-1}$ $10\ k$ 循环后为 124.7%
			$1 \sim 10\ A \cdot g^{-1}$ 为 70.3%	$2\ A \cdot g^{-1}$ $15\ k$ 循环后为 84.3%

由以上结果可以看出 HCPS-10-350 展示出优异的电容特性。为了进一步考察 HCPS 电极材料在超级电容器中的实际应用，笔者以 HCPS-10-350 和 BNGC 为超级电容器的正极和负极，以 NKK 作为隔膜，2 mol·L^{-1} KOH 溶液为电解液组装非对称超级电容器。在此，笔者选用 BNGC 取代常规的活性炭作为 ASC 的负极，这主要归因于 BNGC 的大比电容和优异的循环稳定性。BNGC 材料是根据笔者之前的工作制备的。BNGC 具体的微观结构和电容特性分析如下：首先，笔者通过 TEM、XRD、XPS 和 N$_2$ 吸附-脱附测试对 BNGC 的纳米结构进行表征。图 3-24(a) 为 BNGC 的 TEM 图，由图可知 BNGC 展示出片状多孔结构。图 3-24(b) 和图 3-24(c) 为图 3-24(a) 选定区域的 HRTEM 图。图 3-24(b) 显示出 BNGC 具有分级孔结构；图 3-24(c) 中测得的晶格间距约为 0.34 nm，归属于石墨(002)晶面，表明 BNGC 具有良好的石墨化强度。图 3-24(d) 为 BNGC 的 XRD 谱图。由图可知，BNGC 展示了很强的石墨(002)晶面衍射峰，进一步说明 BNGC 具有强结晶性，这与 TEM 分析结果一致。BNGC 样品的 N$_2$ 吸附-脱附等温线如图 3-24(e) 所示，其比表面积达 567 m^2·g^{-1}。此外，图 3-24(f) 所示的 XPS 分析结果也说明 BNGC 仅存在 C、N、B 和 O 原子，没有杂质。根据上述实验，BNGC 具有良好的导电性和大的表面积。其独特的结构使 BNGC 具有优异的电容特性，在 1 A·g^{-1} 电流密度下表现出大比电容(313 A·g^{-1})、优异的倍率特性(在 20 A·g^{-1} 时为初始电容的 83.1%)和良好的循环稳定性(>99.5%)，如图 3-25 所示。

(a)

(b)

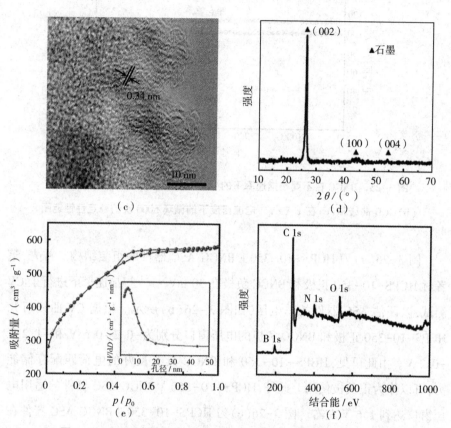

图 3-24　(a)BNGC 的 TEM 图;(b)、(c)为(a)选区的 HRTEM 图;
BNGC 的(d)XRD 谱图、(e)N₂ 吸附-脱附等温线和(f)XPS 全谱

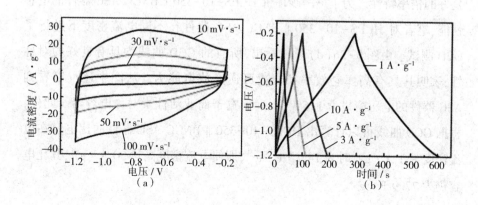

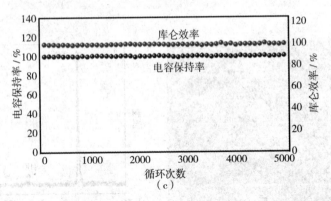

图 3-25　BNGC 在不同扫描速率下的(a)CV 曲线、在不同电流密度下的
(b)GCD 曲线和(c)在 1 A·g^{-1} 电流密度下的循环 5000 次的稳定性性能图

图 3-26(a)为 HCPS-10-350 ‖ BNGC ASC 器件的组装结构。首先，笔者对 HCPS-10-350 正极和 BNGC 负极在 30 mV·s^{-1} 扫描速率下进行了 CV 测试，以评估 ASC 器件的总电压，如图 3-26(b)所示。根据 CV 曲线可知 HCPS-10-350 正极和 BNGC 负极的电压窗口分别为 -0.2~0.5 V 和 -1.2~-0.2 V。由此可见，HCPS-10-350 和 BNGC 具有良好的电荷匹配存储能力，可以作为正负极使用。此外，HCPS-10-350 ‖ BNGC ASC 器件的适用电压窗口达到 1.6 V 左右。图 3-26(c)为 HCPS-10-350 ‖ BNGC ASC 器件在不同扫描速率下的 CV 曲线，CV 曲线呈现出典型的准矩形形状并具有明显的氧化还原峰，这是 ASC 电容行为的典型特征，而且随着扫描速率的增加，CV 曲线的形状几乎没有变化，证明了 HCPS-10-350 ‖ BNGC ASC 器件具有良好的倍率特性。为了进一步评价 HCPS-10-350 ‖ BNGC ASC 器件的电容性能，笔者对 HCPS-10-350 ‖ BNGC ASC 器件在不同电流密度下进行了 GCD 测试。由图 3-26(d)可以看出，所有的 GCD 曲线均具有良好的对称性，表明其具有高库仑效率和快速可逆充放电能力。从图中还可以看到 ASC 器件的电压窗口为 1.6 V，要远远宽于商业活性炭对称电容器。此外，根据 GCD 曲线可以计算出 HCPS-10-350 ‖ BNGC ASC 器件的比电容在电流密度为 1 A·g^{-1} 时为 142.5 F·g^{-1}，即使电流密度高达 30 A·g^{-1}，其比电容仍为 77.9 F·g^{-1}。

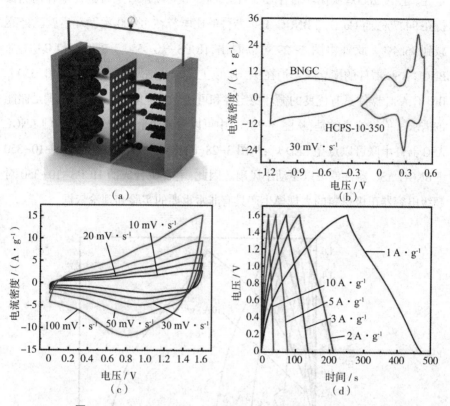

图 3-26　（a）HCPS-10-350‖BNGC ASC 器件的组装结构；

（b）HCPS-10-350 正极和 BNGC 负极在 30 mV·s⁻¹ 扫描速率下的 CV 曲线；

（c）HCPS-10-350‖BNGC ASC 器件在不同扫描速率下的 CV 曲线；

（d）HCPS-10-350‖BNGC ASC 器件在不同电流密度下的 GCD 曲线

为了进行对比，笔者同样组装了 Co_3O_4‖BNGC ASC 器件并对其进行了 GCD 测试，如图 3-27 所示。通过计算可知，在电流密度为 1 A·g⁻¹ 时，其比电容仅为 101.7 F·g⁻¹，在 30 A·g⁻¹ 时其比电容仅为初始电容的 54.67%，远远小于 HCPS-10-350‖BNGC ASC 器件，如图 3-28（a）所示，进一步证实了 HCPS-10-350‖BNGC ASC 器件良好的倍率特性主要归因于 HCPS-10-350 良好的导电性和独特的微观结构。同时，笔者在电流密度为 10 A·g⁻¹ 时对 HCPS-10-350‖BNGC 和 Co_3O_4‖BNGC ASC 器件进行了 20000 次恒流充放电的测试，如图 3-28（b）所示，以评估 ASC 器件的循环稳定性。经过20000次循环后，HCPS-10-350‖BNGC ASC器件的比电容仍然保持在94.7%，而Co_3O_4‖BNGC ASC器件的比电容在10000次循环后就已经衰减到76.4%。此外由图3-29可以看出，HCPS-10-350‖BNGC和Co_3O_4‖BNGC ASC器件的库仑效率均在94.6%以上。这些结果证明，HCPS-10-350‖BNGC ASC器件具有优良的循环稳定性和可逆充放电能力，从而可以满足储能的需求。值得注意的是，从图3-28(c)中可以看到两个HCPS-10-350‖BNGC ASC器件串联可以点亮LED灯；从图3-28(d)中可以看到一个HCPS-10-350‖BNGC ASC器件就可以驱动小风扇。因此，笔者所合成的HCPS-10-350对超级电容器正极材料的大规模生产具有非常重要的实验和理论依据。

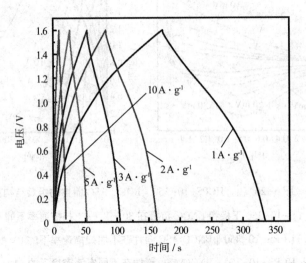

图3-27 Co_3O_4‖BNGC ASC器件在不同电流密度下的GCD曲线

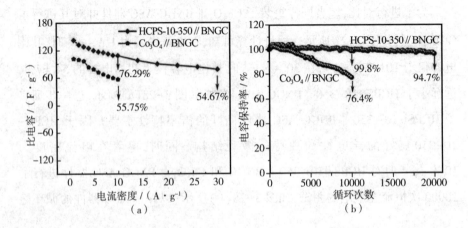

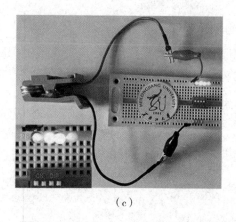　

（c）　　　　　　　　　　　　　（d）

图 3-28　HCPS-10-350 ‖ BNGC ASC 器件和 Co_3O_4 ‖ BNGC ASC 器件在不同电流密度下的
（a）比电容和（b）在 10 A·g^{-1} 电流密度下恒流充放电 20000 次的循环稳定性性能图；
（c）、（d）HCPS-10-350 ‖ BNGC ASC 器件的应用

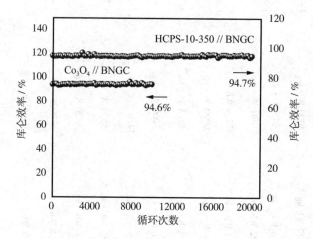

图 3-29　HCPS-10-350 ‖ BNGC ASC 器件和 Co_3O_4 ‖ BNGC ASC 器件
在 10 A·g^{-1} 电流密度下恒流充放电 20000 次的库仑效率图

　　笔者比较了 HCPS-10-350 ‖ BNGC ASC、Co_3O_4 ‖ BNGC ASC 和其他文
献报道的电容器的电化学参数，如表 3-4 所示。综上所述，HCPS-10-350 ‖
BNGC ASC 器件具有大比电容、杰出的倍率特性、优异的循环稳定性、高的能
量密度和功率密度。

表3-4 HCPS-10-350//BNGC ACS 与其他文献报道的电容器的电化学参数

非对称电容器	能量密度	功率密度	电容保持率	循环稳定性
HCPS-10-350//BNGC	50.67 Wh·kg⁻¹	800 W·kg⁻¹	1~10 A·g⁻¹ 为 76.5%,	10 A·g⁻¹ 10 k 循环后为 99.8%
	38.72 Wh·kg⁻¹	8000 W·kg⁻¹	1~30 A·g⁻¹ 为 54.9%	10 A·g⁻¹ 20 k 循环后为 96.2%
CoP//FeP$_4$	46.38 Wh·kg⁻¹	695 W·kg⁻¹	1~10 A·g⁻¹ 为 73.3%	10 A·g⁻¹ 10 k 循环后为 89%
	34.22 Wh·kg⁻¹	7001 W·kg⁻¹		
pompon-like CoP//AC	22.2 Wh·kg⁻¹	374.9 Wh·kg⁻¹	0.5~8 A·g⁻¹ 为 58.5%	2 A·g⁻¹ 13 k 循环后为 80.9%
CoP array//CMK-3	13 W·kg⁻¹	6000 W·kg⁻¹	0.3~3 A·g⁻¹ 为 from	10 A·g⁻¹ 15 k 循环后为 93%
CoP/NiCoP//AC	19 Wh·kg⁻¹	1333 W·kg⁻¹	1~10 A·g⁻¹ 为 60.3%	10 A·g⁻¹ 3.2 k 循环后为 95%
NiCoP@CoS//AC	31.1 Wh·kg⁻¹	8000 W·kg⁻¹	1~10 A·g⁻¹ 为 79.5%	10 A·g⁻¹ 10 k 循环后为 86.1%
Ni-Co-P/PO_x//RGO	28.5 Wh·kg⁻¹	7489.1 W·kg⁻¹	0.3~3 A·g⁻¹ 为 69.2%	3 A·g⁻¹ 17 k 循环后为 86%
CeO₂@CoP//AC	19.87 Wh·kg⁻¹	5670 W·kg⁻¹	1.2~6 A·g⁻¹ 为 63%	5 mA·cm⁻² 25 k 循环后为 89%
CoP@NiCoP/Fe₂O₃//AC	34.9 Wh·kg⁻¹	4800 W·kg⁻¹	1~5 A·g⁻¹ 为 50.23%	10 A·g⁻¹ 1 k 循环后为 50%
Mn-doped Co₃O₄//AC	37.16 Wh·kg⁻¹	875 W·kg⁻¹	0.5~10 A·g⁻¹ 为 42.7%	3 A·g⁻¹ 2 k 循环后为 86%
P-Ni(OH)₂@Co(OH)₂//NF//Fe₂O₃/CC	20.6 Wh·kg⁻¹	16000 W·kg⁻¹	1~10 mA·cm⁻² 为 50.5%	20 mA·cm⁻² 5 k 循环后为 81%
	0.11 mWh·cm⁻²	16 mW·cm⁻²		
NiCoMn-S//RGO	42.1 Wh·kg⁻¹	750 W·kg⁻¹	1~30 A·g⁻¹ 为 31.6%	7 A·g⁻¹ 10 k 循环后为 88.7%

3.3　本章小节

在本章中,笔者通过溶剂热-磷化热解法成功制备了具有优异超级电容器性能的 CoP 纳米片组装的 HCPS 正极材料。实验过程中可以通过调整溶剂热反应时间和磷化温度等参数来调节 HCPS 的形态结构。优化后的 HCPS 具有大比表面积、中空结构和高电导率。基于这些优点,HCPS-10-350 电极具有较大的比电容($1\ A \cdot g^{-1}$,$723\ F \cdot g^{-1}$)、显著的倍率特性(即使在电流密度为 $30\ A \cdot g^{-1}$ 时,其比电容仍为初始容量的 71.21%)和优良的循环稳定性(50000 次循环后电容保持率仍为 94.3%)。组装后的 HCPS-10-350 ‖ BNGC ASC 器件在 $8000\ W \cdot kg^{-1}$ 高功率密度下,能量密度高达 $38.72\ Wh \cdot kg^{-1}$,并具有良好的器件循环稳定性(20000 次恒流充放电循环后电容保持率为 94.7%)。因此,本章研究对于设计高效、稳定的先进超级电容器电极材料具有非常重要的参考意义。

第 4 章　NiFe-P/RGO 纳米电催化材料的可控构筑及电催化分解水性能研究

4.1　引　　言

与传统的制氢方法相比,电催化分解水技术是最清洁的制氢技术之一。当前,Pt 基和 IrO_2/RuO_2 基贵金属分别为最有效的 HER 和 OER 商业催化剂。但是它们成本高、储量稀少,从而限制了电催化分解水技术的快速发展和氢气的工业化生产。此外,单一贵金属催化剂并不能同时具备高效的 HER 和 OER 双功能催化活性。因此开发廉价、可替代贵金属的双功能催化剂具有非常重要的意义。

在众多的非贵金属电催化剂材料中,过渡金属磷化物由于其良好的导电性、磷的正电荷高效捕获力,以及对反应中间体恰到好处的亲和力,得到了科研工作者的广泛关注。当前,人们为了满足对先进电催化性能的要求,合成了各种纳米结构的过渡金属磷化物,并在大量的实验中证明特殊的形貌结构有助于改进材料的电催化活性。Popczun 等人合成了中空纳米颗粒的 Ni_2P 电催化剂,其具有优异的 HER 催化性能,在电流密度为 20 mA · cm^{-2} 时,仅需要 130 mV 的过电位。科研工作者致力于将过渡金属磷化物与导电载体复合,进一步提高过渡金属磷化物的导电性和分散性,从本质上提高过渡金属磷化物的电荷传递能力和电化学活性比表面积,进而提升电催化剂材料的本征催化活性。例如,FeP 纳米粒子/石墨烯复合材料在酸性电解液中表现出优异的 HER 性能,即在 200 mA · cm^{-2} 的电流密度下,也仅需要 211.4 mV 的过电位。Li 等人制备的 NiP/RGO 催化剂同样表现出较低的起始电位和良好的析氢性能。Boakye 课题组制备的 Ni_2P-Fe_2P 纳米棒在广泛的 pH 值范围内有着优异的 HER 活性。Tang 等人制备的 $(Ni_{0.51}Fe_{0.49})_{12}P$ 具有较好的电催化活性,其 OER 催化性能起始电位为 125 mV;在 20 mA·cm^{-2} 电流密度下,所需过电位也仅为 216 mV。以上结果表明,镍铁双金属磷化物的可控制备对增强 HER 和 OER 活性具有重要意义。但是,目前很少有文献报道具有特殊形貌的镍铁双金属磷化物与导电载体(石墨烯)有效复合的双功能催化剂。因此,通过调控活性物质的组分和微观结构,设计出具有高活性的催化剂是十分必要的。

为构建低成本、高效的 HER 和 OER 双功能电催化剂,本章基于基团配位原理,以氧化石墨烯为导电载体,硝酸镍、铁氰化钾、柠檬酸钠为原料,通过水热-磷化热解法制备磷化镍铁/石墨烯(NiFe-P/RGO)复合电催化剂。采用 SEM、TEM、XRD、XPS 等手段对 NiFe-P/RGO 复合电催化剂的化学结构和物理形貌进行了表征,并对 NiFe-P/RGO 电催化剂在碱性电解液(1 mol·L^{-1} KOH)中进行了 HER、OER 活性和全解水性能测试。结果表明,高活性 NiFe-P 与高导电性石墨烯有效复合增大了电化学活性比表面积,并极大地加快了传质、传荷能力,从本质上提高了催化剂的电催化性能。在 HER 和 OER 反应中,NiFe-P/RGO 复合电催化剂在 10 mA·cm^{-2} 电流密度下,产氢和产氧过电位分别为 125 mV 和 218 mV。笔者将 NiFe-P/RGO 复合电催化剂分别作为阴极和阳极组装成全解水装置,在 10 mA·cm^{-2} 电流密度下,其施加电压为 1.52 V,并且具有优异的循环稳定性。

4.2　结果和讨论

4.2.1　NiFe-P/RGO 的形貌与结构

图 4-1 为 NiFe-P/RGO 的制备示意图。笔者以氧化石墨、$Ni(NO_3)_2$·$6H_2O$ 和 $K_3Fe(CN)_6$ 为导电基底、镍源和铁源,通过一步水热反应,在还原氧化石墨烯上原位合成出 NiFe-PBA/RGO 前驱体。随后在 N_2 中,经过低温磷

化处理，最终得到由 Ni_2P-Fe_2P 相组成的 NiFe-P/RGO 复合电催化材料。

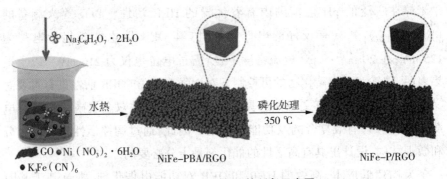

图 4-1　NiFe-P/RGO 的制备示意图

　　图 4-2 为 NiFe-PBA/RGO 和 NiFe-P/RGO 的 SEM 和 TEM 图。首先，将 NiFe-PBA 和氧化石墨通过一步水热法有效复合，其形貌如图 4-2(a) 和图 4-2(b) 所示，可以看到 NiFe-PBA 均匀原位生长在还原氧化石墨烯上，并保持 100~150 nm 立方状结构。经低温磷化处理后，得到 NiFe-P/RGO。图 4-2(c) 为 NiFe-P/RGO 的 SEM 图，NiFe-P/RGO 的形貌与 NiFe-PBA/RGO 类似。TEM 进一步说明了立方状 NiFe-P 与 RGO 有效复合，如图 4-2(d) 和图 4-2(e) 所示。同样可以看到 NiFe-P/RGO 仍然保持 NiFe-PBA/RGO 的形貌，但立方状 NiFe-P 表面呈现出粗糙状态，这主要是在热解过程中 NiFe-PBA/RGO 不稳定有机物分解产生多孔结构导致的。这一多孔结构有利于电催化反应过程中电解液的渗入以及气体的排出。此外，高活性 NiFe-P 与高导电性石墨烯的成功复合有效阻止了 NiFe-P 立方体发生团聚，增大了材料的比表面积，从而增加了活性物质的活性位点。同时，在 NiFe-P/RGO 的 HRTEM 图中有两种不同间距的晶格条纹，分别对应于 Ni_2P 的 (111) 晶面 (0.211 nm) 和 Fe_2P 的 (300) 晶面 (0.295 nm)，如图 4-2(f) 所示。图 4-2(g) 为 NiFe-P/RGO 的 EDX 元素分布图，由图可知，NiFe-P/RGO 中存在 Ni、Fe、P 和 C 元素，且各元素均匀分布于样品中。其中，C 元素是由 $K_3Fe(CN)_6$ 和柠檬酸钠原料中的有机骨架炭化后获得的。上述结果表明，通过水热-磷化热解法成功制备了 NiFe-P/RGO 双功能催化剂材料。

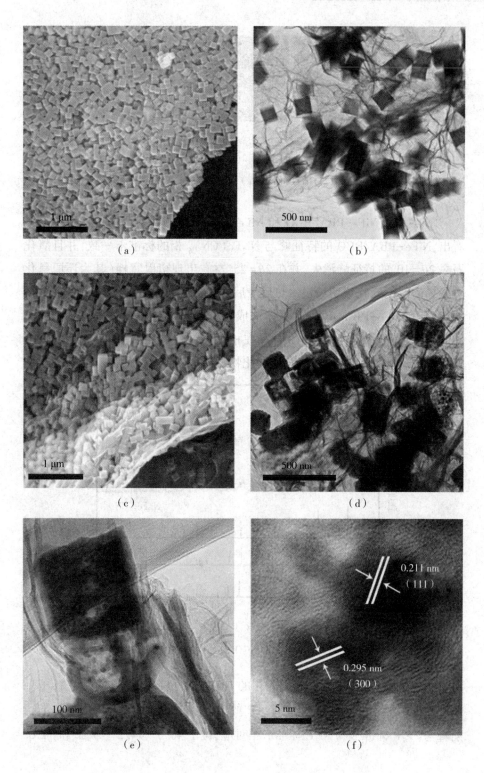

（g）

图4-2　NiFe-PBA/RGO 的（a）SEM 和（b）TEM 图；NiFe-P/RGO 的（c）SEM，
（d）、（e）TEM 和（f）HRTEM 图；（g）NiFe-P/RGO 的 EDX 元素分布图

图4-3 为 NiFe-PBA/RGO 和 NiFe-P/RGO 的 XRD 谱图。从图中可以
看出，NiFe-PBA/RGO 的特征峰与 $Ni_2Fe(CN)_6$ 相的标准卡一致，并且氧化
石墨 $2\theta=10°$ 的特征峰消失，并在 $2\theta=25°$ 左右出现衍射宽峰（其为还原氧化
石墨烯的特征峰），说明经过水热反应后 GO 被还原为 RGO。以上 XRD 分析
结果说明，NiFe-PBA/RGO 前驱体被成功制备出来。NiFe-PBA/RGO 前驱
体经磷化热解后，NiFe-P/RGO 样品在相对位置显现出 Ni_2P-Fe_2P 相的特征
峰，进一步证明了 NiFe-PBA 相向磷化物相成功转换。

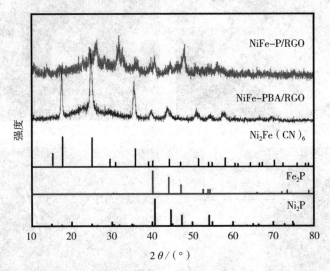

图4-3　NiFe-P、NiFe-PBA/RGO 和 NiFe-P/RGO 的 XRD 谱图

为了进行对比，笔者合成了纯相的 NiFe-P 电催化剂，并对其进行了一
系列表征测试。图4-4（a）为 NiFe-P 的 XRD 谱图，如图所示，NiFe-P 的衍
射峰与 Fe_2P 标准卡和 Ni_2P 标准卡相对应，位于 40.3°、44.2°、47.3°和 54.6°

的衍射峰分别对应 Fe$_2$P 的(111)、(201)、(210)和(211)晶面;位于 40.7°、44.6°、47.4°、54.2°和 55.0°的衍射峰分别对应 Ni$_2$P 的(111)、(201)、(210)、(300)和(211)晶面,说明由 Ni$_2$P-Fe$_2$P 相组成的 NiFe-P 样品被成功制备。从 NiFe-P 的 SEM 和 TEM 图可知,NiFe-P 形貌为纳米立方体颗粒,粒径大小在 100~150 nm 之间,且堆积在一起。

图 4-4　NiFe-P 的(a)XRD 谱图,(b)、(c)SEM 图和(d)TEM 图

同样,笔者对 GO 和 RGO 也进行了一系列测试。图 4-5(a)为 GO 和 RGO 的 XRD 谱图。从图中可以看出氧化石墨烯 $2\theta=10°$ 处的特征峰被还原,并在 $2\theta=25°$ 左右出现归属于石墨烯的特征峰,进一步证实一步水热反应可以将 GO 成功还原为 RGO。由 RGO 的 SEM 图和 TEM 图[图 4-5(b)~(d)]可知,其表现为具有大比表面积的二维薄片结构,作为导电基底既可以大幅度提高催化剂的导电性,又可以提供较大的比表面积,增加有效催化活性中心数,继而提高材料催化活性。

图 4-5　GO 和 RGO 的(a)XRD 谱图;RGO 的(b)、(c)SEM 照片和(d)TEM 照片

为了进一步确定样品的晶相转换、各元素在材料中的表面状态和化学环境,笔者对 NiFe-PBA/RGO 和 NiFe-P/RGO 进行了 XPS 测试。图 4-6(a)为 Ni 2p 的高分辨 XPS 谱图,可将 NiFe-PBA/RGO 的 Ni 2p 谱图通过积分拟合得到两对相关峰。其中,结合能位于 854.80 eV 和 872.50 eV 处的峰归属于 $Ni^{2+} 2p_{3/2}$ 和 $Ni^{2+} 2p_{1/2}$ 的特征峰;结合能位于 860.86 eV 和 878.98 eV 处的峰归属于 Ni 物种的卫星峰。NiFe-P/RGO 的 Ni 2p 谱图出现三对特征峰,结合能位于 851.57 eV 和 870.57 eV 处的峰归属于 Ni—P 键;结合能位于 854.95 eV 和 875.89 eV 处的峰归属于 Ni—O 键;结合能位于 860.44 eV 和 879.55 eV 处的峰归属于 Ni 物种的卫星峰。图 4-6(b)为 Fe 2p 的高分辨 XPS 谱图,与 Ni 2p 类似,对于 NiFe-PBA/RGO 前驱体,结合能位于 711.19 eV 和 723.60 eV 处的特征峰归属于 $Fe^{2+/3+}$,结合能位于 716.73 eV

和 726.47 eV 处的峰归属于相应的卫星峰。对于磷化后的 NiFe-P/RGO,结合能位于 708.74 eV 和 720.29 eV 处的峰归属于 Fe—P 键,结合能位于 711.08 eV 和 725.00 eV 处的峰归属于表面氧化的 Fe—O 键,结合能位于 714.18 eV 和 729.64 eV 处的峰归属于相应的卫星峰。图 4-6(c)为 P 2p 的高分辨 XPS 谱图,由图可知 NiFe-PBA/RGO 中没有 P 元素。对于 NiFe-P/RGO,结合能位于 128.59 eV 和 129.29 eV 处的两个峰与金属磷化物(Ni/Fe-P)的 P $2p_{3/2}$ 和 P $2p_{1/2}$ 很好地匹配,位于 133.58 eV 处的峰归属于 PO_4^{3-},说明磷化热解后,NiFe-PBA/RGO 前驱体成功转换为相应的镍铁磷化物与氧化石墨复合材料,得到了高效的 NiFe-P/RGO 电催化剂。

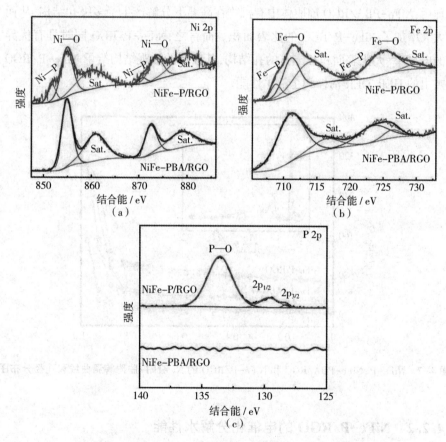

图 4-6　NiFe PBA/RGO 和 NiFe-P/RGO 的 XPS 谱图
(a)Ni 2p;(b)Fe 2p;(c)P 2p

图 4-7 为 NiFe-P、NiFe-PBA/RGO 和 NiFe-P/RGO 的 N_2 吸附-脱附等温曲线及孔径分布图。NiFe-P、NiFe-PBA/RGO 和 NiFe-P/RGO 的等温线均为典型的 IV 型曲线，并具有 H3 滞后环，说明合成材料均具有粒子堆积形成的狭缝孔和大孔的分级结构。根据 N_2 吸附-脱附曲线计算出 NiFe-P、NiFe-PBA/RGO 和 NiFe-P/RGO 的比表面积分别为 50.42 $m^2 \cdot g^{-1}$、110.35 $m^2 \cdot g^{-1}$ 和 130.47 $m^2 \cdot g^{-1}$。从以上数据可以看出，与 NiFe-P 相比，NiFe-P/RGO 具有更大的比表面积，这主要因为石墨烯的引入使立方结构的 NiFe-P 均匀分散在 RGO 上，从而有效防止了立方结构磷化镍铁的团聚。而与 NiFe-PBA/RGO 前驱体相比，NiFe-P/RGO 的比表面积仍是最大的，这主要是因为在低温磷化处理后，NiFe-PBA/RGO 前驱体中有机物在高温下分解产生了多级孔结构，从而大大增加了 NiFe-P/RGO 的比表面积。简言之，NiFe-P/RGO 同时具有优异的电导率、大比表面积和丰富的孔结构，其独特的微观结构给予 NiFe-P/RGO 杰出的 HER、OER 活性和全解水性能。

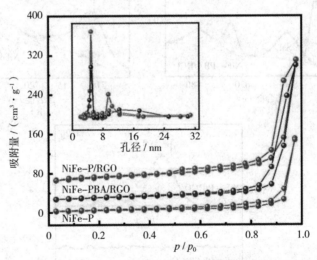

图 4-7　NiFe-P、NiFe-PBA/RGO 和 NiFe-P/RGO 的 N_2 吸附-脱附等温曲线和孔径分布图

4.2.2　NiFe-P/RGO 的电催化分解水性能

4.2.2.1　NiFe-P/RGO 的电催化析氢性能

为了研究 NiFe-PBA/RGO、NiFe-P/RGO、NiFe-P 和 RGO 的电化学活

性,笔者选用标准的三电极体系进行测试,其中 Hg/HgO 电极为辅助电极,石墨棒为对电极,在 1 mol·L^{-1} KOH 碱性电解液中对不同催化剂的 HER 活性进行测试。同时,在相同的条件下将商业 Pt/C 催化剂作为对比进行了 HER 性能测试。图 4-8(a) 为不同催化剂在扫描速率为 5 mV·s^{-1} 时没有进行 IR 补偿的极化曲线。图 4-8(b) 为不同催化剂在 10 mA·cm^{-2} 和 100 mA·cm^{-2} 电流密度下的过电位柱状图。如图所示,NiFe-P/RGO 具有最好的 HER 活性:在电流密度为 10 mA·cm^{-2} 时,其过电位为 125 mV;在电流密度为 100 mA·cm^{-2} 时,其过电位为 231 mV。其性能与商业 Pt/C 最为接近(电流密度为 10 mA·cm^{-2} 时,其过电位为 27 mV;电流密度为 100 mA·cm^{-2} 时,其过电位为 62 mV)。NiFe-P/RGO 优异的 HER 活性主要是因为 RGO 和 NiFe-P 的协同效应,RGO 与 NiFe-P 的精准复合不仅有利于电荷-电子的传输,同时大大增加了 NiFe-P/RGO 的活性位点,使其具有较大活性比表面积。图 4-8(c) 为不同催化剂的 Tafel 斜率图,Tatel 斜率的大小可以直接反映出 HER 反应动力学的快慢并决定与催化剂反应过程相关的速率控制步骤。商业 Pt/C 的 Tafel 斜率为 26 mV·dec^{-1},与文献中报道的数据接近。NiFe-P/RGO 的 Tafel 斜率为 102 mV·dec^{-1},远小于其他催化剂的 Tafel 斜率,证明在 HER 反应中,NiFe-P/RGO 遵循 Volmer-Hyroky 机理,并且具备最快的 HER 催化反应动力学。根据图 4-7 的 N$_2$ 吸附-脱附等温曲线,笔者得到了比表面积-电流密度归一化后的 LSV 曲线,如图 4-8(d) 所示。相比于 NiFe-PBA/RGO 和 NiFe-P,NiFe-P/RGO 仍然表现出最高的 HER 催化活性,进一步说明高活性的 NiFe-P 和高导电性的 RGO 复合可有效提升催化剂的析氢性能。

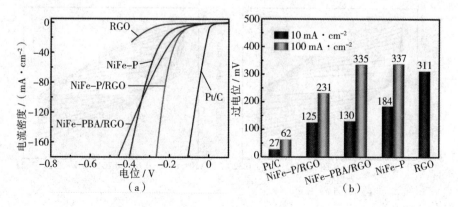

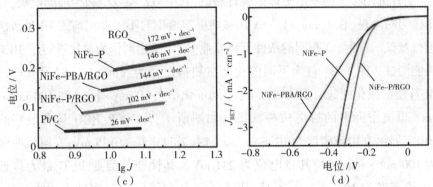

图 4-8　NiFe-P、NiFe-PBA/RGO、NiFe-P/RGO、RGO 和 Pt/C 的 HER 性能

（a）极化曲线；（b）不同电流密度下的过电位；（c）Tafel 斜率图；

（d）NiFe-P、NiFe-PBA/RGO、NiFe-P/RGO 的 LSV 曲线

　　NiFe-P/RGO 优异的 HER 催化活性与其电化学活性比表面积（ECSA）是紧密相关的。为了比较催化剂的 ECSA，笔者对所合成的催化剂进行了电化学双电层电容的测试。图 4-9 为 NiFe-P/RGO、NiFe-PBA/RGO 和 NiFe-P 在非法拉第电位（0.11~0.21 V）范围内不同扫描速率（10~100 mV · s^{-1}）下的 CV 曲线。依据在 0.15 V 电位下的电流密度与扫描速率之间的函数关系计算 C_{dl}。由图 4-9（d）可得，NiFe-P/RGO 的 C_{dl} 值为 17.3 mF · cm^{-2}，优于 NiFe-P（15.3 mF · cm^{-2}）和 NiFe-PBA/RGO（9.3 mF · cm^{-2}）的 C_{dl} 值。较大的 C_{dl} 值表明多孔立方微观结构的 NiFe-P 与 RGO 的精准复合使复合催化剂产生更多有效的电化学活性位，对提高材料的 HER 活性具有非常重要的实用价值。

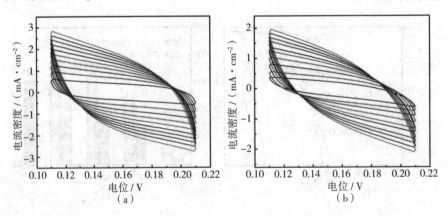

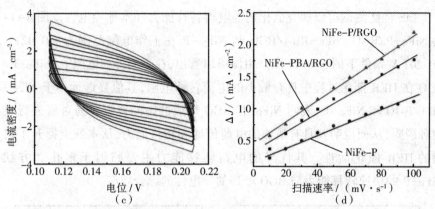

图 4-9 (a) NiFe-P/RGO、(b) NiFe-PBA/RGO 和 (c) NiFe-P 在 0.11～0.21 V 电位区间不同扫描速率(10～100 mV·s^{-1})下的 CV 曲线;(d) NiFe-P、NiFe-PBA/RGO 和 NiFe-P/RGO 在 0.15 V 电位下电流密度与扫描速率的函数关系

图 4-10 插图为 NiFe-P、NiFe-PBA/RGO 和 NiFe-P/RGO 的 ECSA 值,ECSA 值越大表明该催化剂具有的有效 HER 催化活性位点越大。NiFe-P/RGO 具有最大的 ECSA 值 432 cm^{-2}(每电极有效面积的归一化值),远远大于 NiFe-PBA/RGO (378 cm^{-2})和 NiFe-P(246 cm^{-2})。从 ECSA 电流密度归一化后的 LSV 曲线(图 4-10)来看,NiFe-P/RGO 与其他合成的催化剂相比,具有最高的本征 HER 性能。综上所述,通过没有 IR 补偿的 LSV 曲线、比表面积电流密度归一化的 LSV 曲线和 ECSA 值可以看出,NiFe-P/RGO 的微观结构有利于 HER 活性的提升。

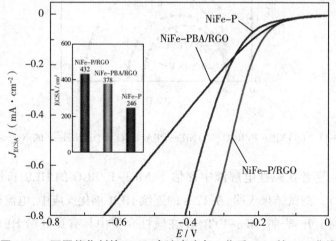

图 4-10 不同催化剂的 ECSA 电流密度归一化后 HER 的 LSV 曲线
(插图为不同催化剂的 ECSA 柱状图)

EIS 性能测试可以探究催化剂的电荷转移能力和本征导电性。图 4-11
为 NiFe-P/RGO、NiFe-PBA/RGO 和 NiFe-P 在工作电位范围为 -0.021~
-0.201 V 条件下的 Nyquist 图。由图可以看出，在不同外加电压下，NiFe-P/
RGO 在 HER 催化过程中具有最小的电荷转移电阻，其值要远远小于 NiFe-
PBA/RGO 和 NiFe-P，表明 NiFe-P/RGO 形成的中间体更容易对氢进行吸
附和脱附，从而说明其具有最快的电荷传递和转移能力，从本征上提升了材
料的 HER 催化活性。其优异的电荷转移能力主要归因于多孔立方状
NiFe-P 的快速转移能力与 RGO 增加的导电性的综合效应。

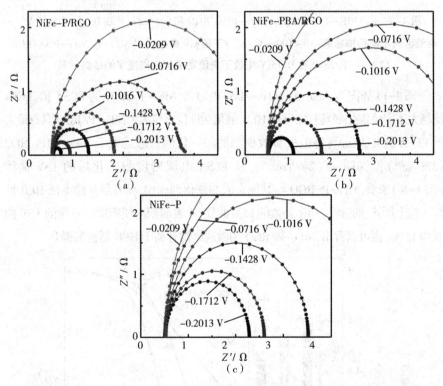

图 4-11　（a）NiFe-P/RGO、（b）NiFe-PBA/RGO 和（c）NiFe-P 的 Nyquist 图

此外，笔者在碱性电解液中评估了 NiFe-P/RGO 的 HER 长期耐久性
（图 4-12）。测试结果表明，在 12 h 的连续 HER 催化反应中，电流密度没有
下降，反而上升，表明 NiFe-P/RGO 在碱性介质中具有良好的 HER 循环稳
定性和耐久性。

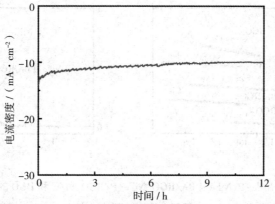

**图 4-12　NiFe-P/RGO 在电流密度为 10 mA·cm² 条件下
连续运行 12 h 的电流密度-时间曲线**

4.2.2.2　NiFe-P/RGO 的电催化析氧性能

作为双功能电催化剂不仅仅应具备优异的 HER 催化活性,还应具备杰出的 OER 催化活性。因此,笔者对不同催化剂进行了 OER 性能测试,并将商业 RuO_2 催化剂作为对比样品进行了 OER 活性测试。如图 4-13(a) 和 4-13(b)所示,NiFe-P/RGO 具有优异的 OER 催化活性,在 10 mA·cm⁻² 和 100 mA·cm⁻² 电流密度下的过电位分别为 218 mV 和 331 mV,其值低于其他催化剂。值得注意的是,NiFe-P/RGO 在相同电流密度下的过电位要远低于商业 RuO_2 催化剂(电流密度为 10 mA·cm⁻² 时,其过电位为 293 mV)。4-13(c)为不同催化剂的 Tafel 斜率图,测试结果进一步证实了 NiFe-P/RGO 具有最快的 OER 催化反应动力学,表现为其具有最小的 Tafel 斜率(71 mV·dec⁻¹)。此外,利用比表面积对电流密度归一化后得到的 LSV 曲线同样可以观察到 NiFe-P/RGO 具有最优异的 OER 催化活性。

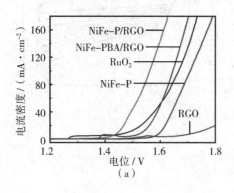

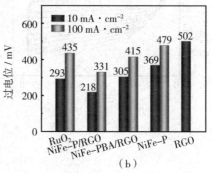

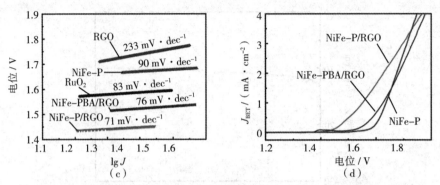

图 4-13　NiFe-P、NiFe-PBA/RGO、NiFe-P/RGO、Pt/C 和 RGO 的 OER 活性

（a）极化曲线；（b）在不同电流密度下的过电位；（c）Tafel 斜率图；

（d）NiFe-P、NiFe-PBA/RGO、NiFe-P/RGO 的 LSV 曲线

图 4-14 为 NiFe-P/RGO、NiFe-PBA/RGO 和 NiFe-P 在双电容电位（-1.06~0.96 V）范围内不同扫描速率（10~100 mV·s^{-1}）下的 OER CV 曲线。如图 4-14（d）所示，NiFe-P/RGO、NiFe-PBA/RGO 和 NiFe-P 的 C_{dl} 分别为 36.02 mF·cm^2、30.49 mF·cm^{-2} 和 21.46 mF cm^{-2}。通过文献调研可知，C_{dl} 值与电催化剂的 ECSA 成正比关系。从以上计算结果可以观察到，NiFe-P/RGO 具备最大的 ECSA，说明 NiFe-P/RGO 具有最多的活性位点，从而提升了电催化剂的 OER 催化活性。

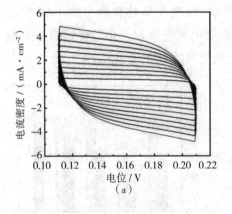

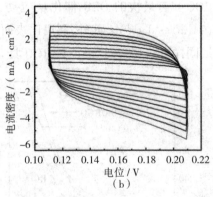

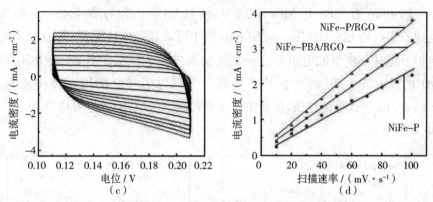

图 4-14　（a）NiFe-P/RGO、（b）NiFe-PBA/RGO 和（c）NiFe-P 在 -1.06~ -0.96 V
电位区间不同扫描速率（10~100 mV · s⁻¹）下的 CV 曲线;（d）NiFe-P、
NiFe-PBA/RGO 和 NiFe-P/RGO 在 0.15 V 电位下电流密度与扫描速率的函数关系

　　由图 4-15 的插图可以观察到通过 C_{dl} 得到了 NiFe-P、NiFe-PBA/RGO
和 NiFe-P/RGO 的 ECSA 柱状图,其 OER 催化活性面积分别为 536 cm⁻²、
762 cm⁻² 和 900 cm⁻²。从数据上看,其值与 HER 的 ECSA 值趋势相似。因
此,NiFe-P/RGO 具有最大的 OER 催化活性面积。此外,从 ECSA 电流密度
归一化后的 LSV 曲线(图 4-15)还可以观察到 NiFe-P/RGO 同样表现出优
异的 OER 催化活性。

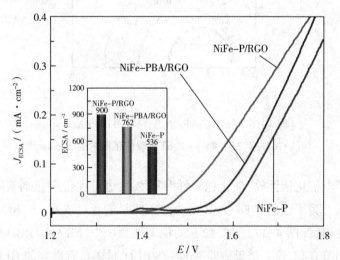

图 4-15　不同催化剂的 ECSA 电流密度归一化后 OER 的 LSV 曲线
（插图为不同催化剂 ECSA 的柱状图）

　　图 4-16 为 NiFe-P、NiFe-PBA/RGO 和 NiFe-P/RGO 在 1.45 ~1.63 V
电位范围内的 EIS 测试图。从 Nyquist 图中可以观察到 NiFe-P/RGO 在不同
电位下都具有较低的电阻。这一测试结果进一步证实了 NiFe-P/RGO 对
OH⁻的吸附能力更强，并且具有更低的界面电阻和电荷快速转移能力。
NiFe-P/RGO 优异的传质、传荷能力主要归功于 RGO 的良好导电性和 NiFe
-P 的高活性。

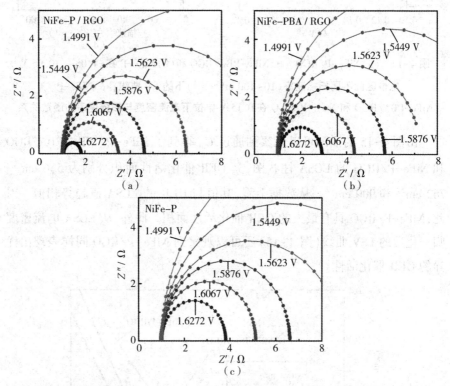

图 4-16　（a）NiFe-P/RGO、（b）NiFe-PBA/RGO
和（c）NiFe-P 在 1.45 V~1.63 V 电位范围内的 Nyquist 图

　　除了电催化活性外，催化稳定性和耐久性也是评价催化剂实际应用的
关键参数。为了评估 NiFe-P/RGO 的稳定性，笔者对 NiFe-P/RGO 进行了
稳定性的测试（图 4-17）。在 12 h 的稳定性测试中，NiFe-P/RGO 的电流密
度没有明显衰减，这一结果表明 NiFe-P/RGO 同样具有良好的 OER 循环稳
定性。

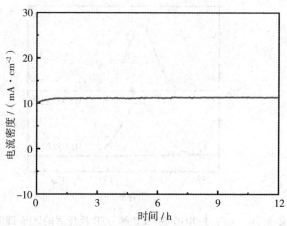

图 4-17　NiFe-P/RGO 在 10 mA·cm^{-2} 电流密度下连续运行 12 h 的电流密度-时间曲线

　　为了了解 NiFe-P/RGO 具有优异的催化性能的原因,笔者对 HER 和 OER 反应后的 NiFe-P/RGO 进行了 XPS 测试。利用 XPS 分析了催化剂在反应后表面的组成成分,如图 4-18 所示。HER 反应后,在 NiFe-P/RGO 的 Ni 2p、Fe 2p 和 P 2p 高分辨 XPS 光谱中,Ni—P 和 Fe—P 的特征峰与反应前的特征峰没有明显变化,说明在 HER 反应后,NiFe-P/RGO 仍然保持原有的组分,镍铁基磷化物为主要的活性物种。但与 OER 反应后的催化剂相比,Ni 2p、Fe 2p 和 P 2p 高分辨 XPS 谱图中 Ni/Fe—P 特征峰消失,只存在 Fe—O、Ni—O 和 P—O 物种。这表明在 OER 反应过程中,NiFe-P/RGO 表面被氧化成相应金属的氧化物/氢氧化物。因此,在 OER 反应过程中,相应的金属氧化物/氢氧化物为 OER 的主要活化物质。这与文献报道的一致。

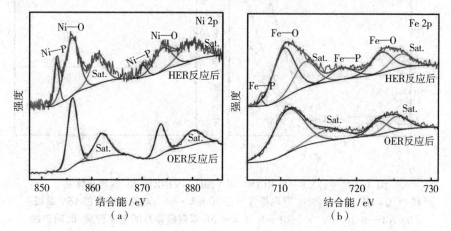

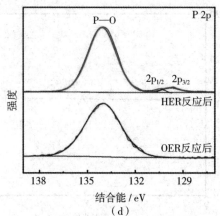

图 4-18　NiFe-P/RGO 在 HER 和 OER 反应后的 XPS 谱图
(a)Ni 2p；(b)Fe 2p；(c) P 2p

　　以上测试结果表明，NiFe-P/RGO 对 HER 和 OER 活性都展示出杰出的催化性能。因此，以双功能的 NiFe-P/RGO 为电催化分解水的阴极和阳极，在 1 mol · L⁻¹ 的 KOH 电解液中进行全解水性能测试。图 4 - 19 (a) 为 NiFe-P/RGO@ NF ∥ NiFe-P/RGO@ NF 双电极体系的 LSV 曲线。如图所示，NiFe-P/RGO@ NF ∥ NiFe-P/RGO@ NF 电极表现出优异的全解水活性，仅需要 1.52 V 即可以实现 10 mA · cm⁻² 的电流密度，优于商业 Pt/C@ NF ∥ RuO₂@ NF 双电极体系(1.56 V)和相关文献报道的镍铁基电催化剂。此外，NiFe-P/RGO@ NF ∥ NiFe-P/RGO@ NF 也具有优异的稳定性和耐久性。在 12 h 耐久性测试中，在 1.52 V 工作电压下，电流密度基本保持不变，如图 4-19(b)所示，进一步证明笔者合成的 NiFe-P/RGO 是低成本、高效且稳定的双功能电催化剂。

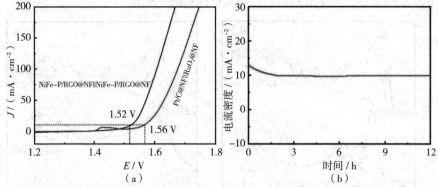

图 4-19　(a)NiFe-P/RGO@ NF ∥ NiFe-P/RGO@ NF 双电极体系
和 Pt/C@ NF ∥ RuO₂@ NF 双电极体系在 10 mA · cm⁻² 电流密度下的 LSV 曲线；
(b) NiFe-P/RGO@ NF ∥ NiFe-P/RGO@ NF 双电极体系的电流密度–时间曲线

4.3　本章小结

在本章中,笔者采用水热-磷化热解法制备了 NiFe-P/RGO 双功能电催化剂,通过物理表征手段可以观察到 NiFe-P/RGO 被成功制备,并对所合成的电催化剂进行 HER、OER 和电催化全解水测试。在碱性介质(1 mol·L^{-1} KOH 电解液)中,NiFe-P/RGO 具有比 NiFe-PBA/RGO 和 NiFe-P 更好的催化性能。HER 反应:在 10 mA·cm^{-2} 和 100 mA·cm^{-2} 电流密度下,过电位分别为 125 mV 和 231 mV;OER 反应:在 10 mA·cm^{-2} 和 100 mA·cm^{-2} 电流密度下,过电位分别为 218 mV 和 331 mV。更值得关注的是,将 NiFe-P/RGO 分别作为阴极和阳极用于全解水测试,在 10 mA·cm^{-2} 电流密度下,其电压仅为 1.52 V,商业 Pt/C@ NF ‖ RuO$_2$@ NF 双电极体系在 10 mA·cm^{-2} 电流密度下,电压为 1.56 V。其优异的性能主要归因于 RGO 可以有效增加催化剂的导电性和电子传输能力,且 P 元素的掺杂同样可以提高电催化剂的导电性。具有高催化活性的 NiFe-P 与高导电性的 RGO 有效复合,不但暴露了更多的活性中心,而且表现出优异的传质、传荷特性,从本质上提高了电催化剂的本征电催化活性。此外,RGO 在合成材料过程中可以起到强有力的支撑作用,有效抑制了立方体 NiFe-P 纳米粒子的团聚现象,磷化后产生的多孔结构最大限度地暴露了催化活性位点,从结构上进一步提高了电催化剂的催化性能。

第 5 章　Zn 植入 FeNi-P 超薄纳米片阵列作为双功能催化剂应用于电催化分解水

5.1　引　言

氢能,作为一种可再生能源载体,凭借其高能量密度和零污染的碳排放已经被认为是传统化石燃料的潜在替代能源。到目前为止,贵金属 Pt 基和 Ru/Ir 基电催化剂分别表现出优越的 HER 和 OER 活性,但稀有金属的高昂成本和低含量储备使其在可再生能源领域的商业化应用受到了极大限制。

对比于其他金属,金属 Zn 凭借其无毒特性、低电负性和价态稳定等成为制备高活性过渡金属磷化物催化剂最有前途的植入金属之一。笔者制备了 Zn 植入的 CoNi-P 催化剂并应用于电催化全解水中,在 50 mA·cm^{-2} 的电流密度下,全解水电压只需要 1.71 V。受到以上研究的启发,在本章中,笔者将锚定在 NF 上的 Zn 植入的 FeNi-LDH(命名为 Zn-FeNi-LDH)作为模板和前驱体通过水热-可控磷化法成功合成出 Zn 植入的 FeNi-P(命名为 Zn-FeNi-P)纳米片阵列。金属 Zn 的植入不仅有利于超薄纳米片的整齐排列,还有助于形成特殊的电子结构,从而加速分解水反应动力学。归于以上优点,在碱性介质(1 mol·L^{-1} KOH 电解液)中,Zn-FeNi-P 超薄纳米片阵列展现出非凡的电催化活性。对于 HER 反应,在没有进行 IR 校正的条件下,当电流密度为 10 mA·cm^{-2} 和 200 mA·cm^{-2} 时,Zn-FeNi-P 超薄纳米片阵列的过电位仅为 55 mV 和 225 mV,远低于 FeNi-P 的过电位(82 mV 和 301 mV),甚至低于商业 Pt/C 催化剂(200 mA·cm^{-2},227 mV)。Zn-FeNi-P 超薄纳米片阵列的 OER 性能也有大幅度提升,在电流密度为 10 mA·cm^{-2}

时,其过电位仅为 207 mV,低于同条件下 FeNi-P(221 mV)和商业 RuO_2 催化剂(239 mV)的过电位。此外,当 Zn FcNi-P 超薄纳米片阵列作为正极和负极材料组装双电极碱性电解槽时,其表现出优异的电化学全解水性能:在电流密度为 10 mA · cm^{-2} 时,Zn-FeNi-P ‖ Zn-FeNi-P 电池的电压仅为 1.47 V,低于 FeNi-P ‖ FeNi-P(1.51 V)和标准 RuO_2 ‖ Pt/C 电池(1.56 V)的过电位,并且连续运行 48 h 后仍具有较高的稳定性。本章提出的 Zn 植入 FeNi-P 的策略为制备高效非贵金属催化剂提供了可行思路和方法,并且能够将其作为电极材料应用于其他电化学方面。

5.2 结果和讨论

5.2.1 Zn-FeNi-P 的形貌与结构

Zn-FeNi-P 超薄纳米片阵列催化剂只需两步即可合成,其合成示意图如图 5-1 所示。首先,将 $Zn(CH_3OO)_2 · 2H_2O$、$Fe(NO_3)_3 · 9H_2O$、尿素和 HMT 加入到 60 mL 去离子水中,通过超声搅拌得到均一的混合溶液。此时,混合溶液呈酸性(pH 值约为 2.06),如图 5-2 所示。随后将混合溶液倒入放有集流体 NF 基底的水热反应釜中进行一锅水热反应,在水热反应过程中,集流体 NF 在酸性条件下原位释放出 Ni 源,为 Zn-FeNi-LDH 前驱体在 NF 基底上原位生长提供有利条件。

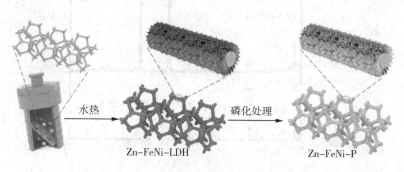

水热 → Zn-FeNi-LDH → 磷化处理 → Zn-FeNi-P

图 5-1 Zn-FeNi-P 的合成示意图

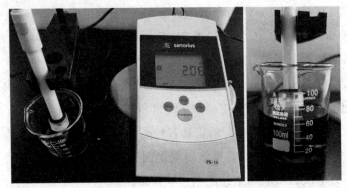

图 5-2　Zn-FeNi-P 制备体系的 pH 值照片

　　图 5-3 为 Zn-FeNi-LDH 前驱体的 XRD 谱图,其在 11.5°、23.2°、34.5°、
39.0°、46.4°、60.2°、61.2° 和 65.3° 处的特征峰分别对应于（003）、（006）、
（012）、（015）、（018）、（110）、（113）和（116）晶面。此外,图 5-4 为
Zn-FeNi-LDH 前驱体的 XPS 谱图,由图可知 Zn-FeNi-LDH 前驱体中存在
Zn、Fe、Ni 和 O 元素,且没有其他杂质存在。由 XRD 和 XPS 测试结果证明,
Zn 元素已成功植入到 FeNi-LDH 前驱体中。以二维（2D）Zn-FeNi-LDH 前
驱体为模板,通过可控磷化形成 Zn-FeNi-P 超薄纳米片阵列双功能催化剂。
为了进行结构和性能的比较,笔者采用类似的工艺在不添加 Zn 植入剂的基
础上制备出纯相的 FeNi-P 纳米片阵列催化剂。

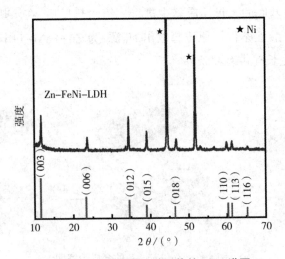

图 5-3　Zn-FeNi-LDH 前驱体的 XRD 谱图

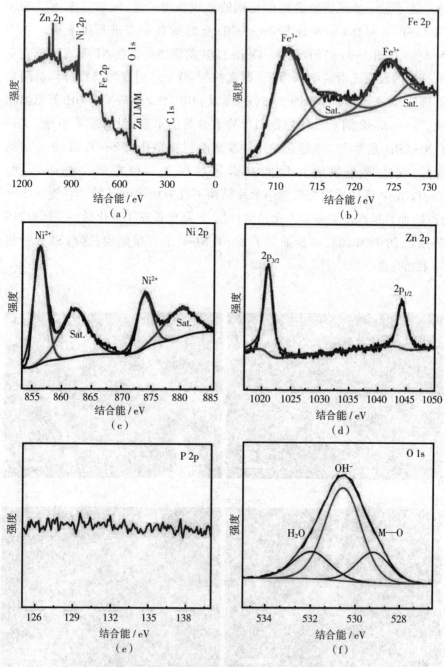

图 5-4　Zn-FeNi-LDH 前驱体的 XPS 谱图

(a)全谱;(b)Fe 2p;(c)Ni 2p;(d)Zn 2p;(e)P 2p;(f)O 1s

　　为了进一步观察所合成催化剂的微观结构信息，笔者首先通过 SEM 对 Zn-FeNi-LDH 前驱体和 Zn-FeNi-P 的微观形貌进行了表征。如图 5-5(a) 和图 5-5(b) 所示，Zn-FeNi-LDH 前驱体是由在 NF 基底上垂直整齐排列的表面光滑的纳米薄片（厚度约为 40 nm）组成的。经过低温磷化处理后，从图 5-5(c) 和图 5-5(d) 可以看出，与 Zn-FeNi-LDH 前驱体相比，Zn-FeNi-P 纳米片阵列依旧保持着良好的形态，没有发生坍塌。Zn-FeNi-LDH 光滑的二维超薄纳米片变成略粗糙多孔的 Zn-FeNi-P 超薄纳米片，这主要是氢氧化物低温磷化过程中不稳定成分分解所致。Zn-FeNi-P 这种垂直交联的纳米片结构不仅为加快电子的转移提供多种途径，而且暴露出更多的电化学活性位点，从而提高了催化活性。同时，图 5-5(e) 的 TEM 图进一步证实了 Zn-FeNi-P 的片状结构，这与 SEM 分析结果相吻合。

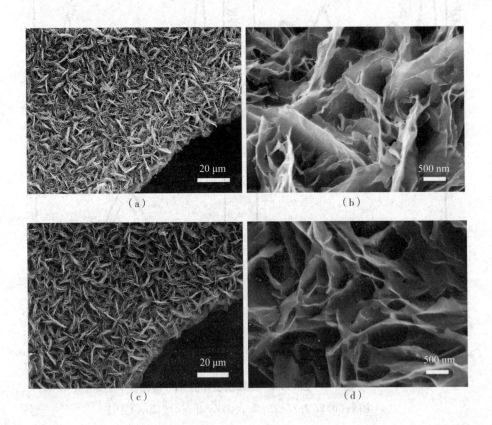

(a)　　　　　　　　　　　　　(b)

(c)　　　　　　　　　　　　　(d)

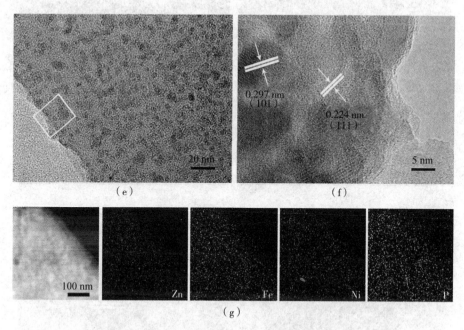

图 5-5　（a）～（b）Zn-FeNi-LDH 前驱体的 SEM 图；
（c）～（d）Zn-FeNi-P 的 SEM 图；Zn-FeNi-P 的（e）TEM、（f）HRTEM 图和（g）EDS 图像

　　此外,为了研究 Zn 植入对合成材料结构的影响,笔者同样对 FeNi-P 进行了 SEM 和 TEM 测试,图 5-6(a)、图 5-6(b) 和图 5-6(c) 是 FeNi-P 的 SEM 图和 TEM 图,如图所示,生长在 NF 上粗糙的纳米片厚度约为 100 nm,相比于 Zn-FeNi-P 纳米片要厚很多且表面不平整,由此证明,Zn 的植入确实优化了 FeNi-P 的微观结构。图 5-6(d) 为 FeNi-P 的 HRTEM 图,由图可以观察到晶格条纹的存在,晶面间距分别为 0.273 nm 和 0.221 nm,对应于 FeNi-P 六方相的(101)晶面和(111)晶面,说明形成了具有良好结晶度的 FeNi-P。当 Zn 植入到 FeNi-P 后,上述提到的(101)晶面和(111)晶面所对应的晶格条纹的间距分别扩大到 0.297 nm 和 0.224 nm,如图 5-4(f)所示,这表明 Zn 的加入会导致 FeNi-P 相的晶格膨胀,证实了 Zn 植入可改变 FeNi-P 的电子结构。另外,从图 5-5(g) 中可以看出 Zn、Fe、Ni 和 P 元素均匀地分布在纳米片中,进一步证实了 Zn-FeNi-P 的成功合成。

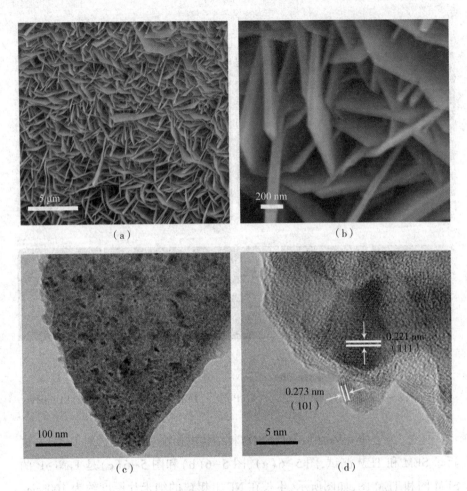

图 5-6　（a）~（b）FeNi-P 的 SEM 图；FeNi-P 的（e）TEM 和（f）HRTEM 图

　　笔者通过 XRD 分析所制备催化剂的组分和晶体结构信息，图 5-7 为 FeNi-P 和 Zn-FeNi-P 的 XRD 谱图。如图所示，在 44.6°和 51.8°处出现的强的衍射峰分别与 NF 中 Ni 的（111）晶面和（200）晶面相匹配。对于 FeNi-P 的其他衍射峰均与 Ni_2P 和 Fe_2P 的衍射峰相近，主峰也包含其中，表明成功合成了 FeNi-P。对于 Zn-FeNi-P 而言，它虽然保持了 FeNi-P 原有的晶体结构，但其衍射峰位置有一些轻微负移，这说明 Zn 元素的掺入导致了 FeNi-P 晶面间距的膨胀，但整体没有破坏 FeNi-P 的晶体结构，这与 TEM 分析结果一致。进一步说明 Zn 已经成功植入到 FeNi-P 中。

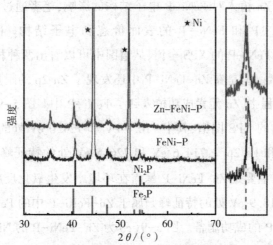

图 5-7　FeNi-P 和 Zn-FeNi-P 的 XRD 谱图及放大 XRD 谱图

　　为了进一步确定催化剂的金属含量,笔者对 Zn-FeNi-LDH、FeNi-P 和 Zn-FeNi-P 进行了电感耦合等离子体原子发射光谱(ICP-AES)测试。由图 5-8 可知,Zn-FeNi-LDH 前驱体中的 Zn、Fe 和 Ni 的含量分别为 7.4%、34.5%和 26.5%;Zn-FeNi-P 中 Zn、Fe 和 Ni 的含量分别为 5.5%、37.4%和 25.1%,说明无论在前驱体还是最终磷化的样品中,Zn 元素均植入到 FeNi-P 中,而 FeNi-P 中的 Zn 含量可以忽略不计,进一步说明 FeNi-P 中成功引入了 Zn 元素。

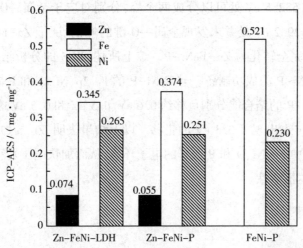

图 5-8　Zn-FeNi-LDH、FeNi-P 和 Zn-FeNi-P 的 ICP 含量柱状图

为了研究 Zn 植入对 FeNi-P 电子结构的影响,笔者通过 XPS 进一步阐明了 Zn-FeNi-P 和 FeNi-P 的表面价态和电子结构。图 5-9(a)为 Zn-FeNi-P 和 FeNi-P 的 XPS 全谱,从谱图中可以看出两种材料均存在 Ni、Fe、P 和 O 元素。但是在 Zn-FeNi-P 中还发现了 Zn 2p 的附加峰,这表明在制备样品的过程中,Zn 元素成功植入到了 FeNi-P 中。图 5-9(b)为 Zn-Fe-Ni-P 的 Fe 2p 的 XPS 图谱,其中 710.9 eV 和 724.0 eV 处的特征峰分别对应于 Fe $2p_{3/2}$ 和 Fe $2p_{1/2}$,714.6 eV 和 726.5 eV 处的特征峰为相应的卫星峰,Fe^{3+} 的存在主要是 Zn-FeNi-P 暴露在环境中发生氧化反应所致。另外,706.6 eV 和 718.9 eV 处的特征峰归属于 Zn-FeNi-P 中的 Fe—P 键,证实了 Zn 植入 FeNi-P 的成功制备。图 5-9(c)为 Zn-FeNi-P 的 Ni 2p 谱图,可以观察到一共有三组特征峰,分别是 Ni—P 键(855.6/873.8 eV)、Ni—O 键(851.9/869.2 eV)和卫星峰(861.2/879.1 eV)分别对应于 Ni $2p_{3/2}$ 和 Ni $2p_{1/2}$。图 5-9(d)为 Zn-FeNi-P 的 Zn 2p XPS 谱图,从图中可以观察到 Zn $2p_{1/2}$ 和 Zn $2p_{3/2}$ 的结合能集中在 1044.2 eV 和 1021.1 eV,再次证明 Zn 元素植入到了 FeNi-P 中。Zn-FeNi-P 中 P 2p 的 XPS 谱图如图 5-9(e)所示,位于 129.2 eV 和 130.4 eV 处的特征峰归属于 Zn-FeNi-P 中的金属—P 键的 P $2p_{3/2}$ 和 P $2p_{1/2}$,而 133.5 eV 处的特征峰来源于催化剂表面氧化形成的 PO_4^{3-} 中的 P—O 键。如图 5-9(f)所示,Zn-FeNi-P 的 O 1s XPS 谱图在 530.9 eV 和 532.5 eV 处可以分成两个峰,分别对应于金属—OH 键和吸附水,并且在 529.2 eV 处并未发现金属—O 键的峰,验证了 Zn-FeNi-LDH 在可控磷化后完全转化为 Zn-FeNi-P。综上所述,XPS 的分析结果进一步证实了 Zn-FeNi-P 的成功制备。与 FeNi-P 的 Fe 2p、Ni 2p 和 P 2p 光谱相比较,Zn-FeNi-P 的结合能分别负移约 0.6 eV、0.5 eV 和 0.5 eV,然而,Zn-Fe-Ni-P 在 O 1s 上出现了 0.3 eV 的正移。以上结果表明,Zn 的加入能够改变 Zn-FeNi-P 中 Fe、Ni、O 和 P 原子的电子环境,从而加快电子转移,降低能量势垒,提高本征活性。

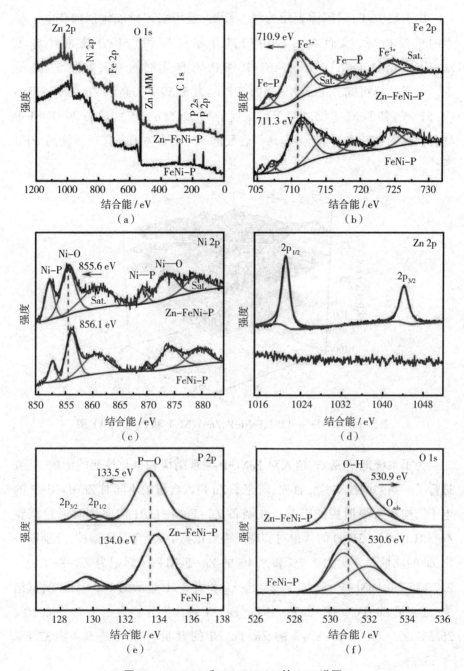

图 5-9 FeNi-P 和 Zn-FeNi-P 的 XPS 谱图

（a）全谱；（b）Fe 2p；（c）Ni 2p；（d）Zn 2p；（e）P 2p；（f）O 1s

　　功函数（WF）是固体表面的基本性质，是用来评价催化剂捕获电子能力的重要指标，因而本书采用扫描开尔文探针（SKP）技术计算了 Zn-FeNi-LDH、FeNi-P、Zn-FeNi-P 和 Pt/C 催化剂的 WF，如图 5-10 所示。通过计算可知，Zn-FeNi-P 的 WF 约为 5.59 eV，高于 Zn-FeNi-LDH（5.51 eV）和 FeNi-P（5.55 eV），接近于 Pt/C（5.61 eV），说明 Zn-FeNi-P 具有较高的捕获电子能力，容易将表面的 H^* 还原为 H_2，有利于提高 HER 活性。

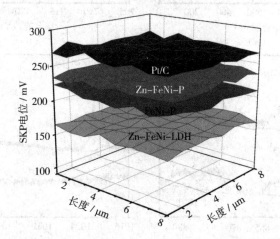

图 5-10　Zn-FeNi-LDH、FeNi-P、Zn-FeNi-P 和 Pt/C 的 WF 图

　　为了系统地研究 Zn 植入对 FeNi-P 微观结构和催化性能的影响，笔者进行了一系列调控实验。首先，研究了 Zn 植入含量的不同对 Zn-FeNi-P 的电子结构和微观形貌的影响。在制备 Zn-FeNi-LDH 前驱体时通过调整 $Zn(CH_3OO)_2·2H_2O$ 的含量对实现最终磷化物中 Zn 含量的调控，分别制备出 Zn 的质量百分比为 2.7% 和 8.4% 的 Zn-FeNi-P（标记为 Zn-FeNi-P-2.7% 和 Zn-FeNi-P-8.4%）。图 5-11 和表 5-1 显示的 ICP-AES 测试结果，证实了 Zn-FeNi-P-2.7% 中 Zn、Fe、Ni 的含量分别为是 2.7%、40.2%、26.3%，Zn-FeNi-P-8.4% 的 Zn、Fe、Ni 的含量分别为是 8.4%、37.8% 和 23.2%。

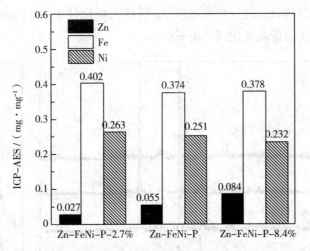

图 5-11　Zn-FeNi-P-2.7%、Zn-FeNi-P 和 Zn-FeNi-P-8.4% 的 ICP 含量柱状图

表 5-1　不同样品中 Fe、Ni 和 Zn 的含量

样品名称	ICP-AES/(mg · mg^{-1})		
	Zn	Fe	Ni
Zn-FeNi-LDH	0.084	0.345	0.265
FeNi-P	0.002	0.521	0.230
Zn-FeNi-P-2.7%	0.027	0.402	0.263
Zn-FeNi-P	0.055	0.374	0.251
Zn-FeNi-P-8.4%	0.084	0.378	0.232
Zn-FeNi-P-300	0.065	0.379	0.257
Zn-FeNi-P-400	0.061	0.373	0.254
Zn-FeNi-P after HER	0.053	0.370	0.248
Zn-FeNi-P after OER	0.051	0.367	0.247

　　图 5-12 为 Zn-FeNi-P-2.7%、Zn-FeNi-P 和 Zn-FeNi-P-8.4% 的 XRD
谱图。从图 5-7 和图 5-12 中可以观察到 Zn-FeNi-P-2.7%、Zn-FeNi-P 和
Zn-FeNi-P-8.4% 的衍射峰与 FeNi-P 的衍射峰吻合较好,由此表明 Zn 的植
入并不会破坏 FeNi-P 的晶体结构。然而,随着 Zn 浓度的增加,衍射峰逐渐

向低角度方向偏移,进一步揭示了 Zn 的植入可以使 FeNi-P 相对应的晶格间距扩大,从而影响催化剂的电子结构。

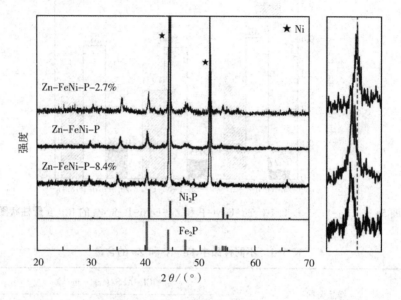

图 5-12　Zn-FeNi-P-2.7%、Zn-FeNi-P 和 Zn-FeNi-P-8.4%的
XRD 谱图及放大 XRD 谱图

图 5-13 为 Zn-FeNi-P-2.7%、Zn-FeNi-P 和 Zn-FeNi-P-8.4%的 XPS 谱图,进一步证明了 Zn-FeNi-P 所有元素的电子环境都因 Zn 的植入而发生改变。具体结合能的改变如表 5-2 所示,可以看出随着 Zn 浓度的增加,Fe、Ni 和 P 元素的峰位置均朝着低结合能方向移动,而 Zn 2p 和 O 1s 的峰位置朝着高结合能方向移动,造成这一现象的原因是 Zn 的电负性低于 Fe 和 Ni,使得 Fe 和 Ni 的电子密度增加,而电子的积累有利于催化活性的提高。图 5-14 为 Zn-FeNi-P-2.7%和 Zn-FeNi-P-8.4%的 SEM 图。由图所示,随着 Zn 植入量的增加,样品材料慢慢从不规整且较厚的 Zn-FeNi-P-2.7%转化为整齐且超薄的 Zn-FeNi-P 纳米片阵列,如图 5-14(a)和图 5-14(b)所示;而当 Zn 浓度过高(8.4%),纳米片就会出现团聚现象,如图 5-14(c)和图 5-14(d)所示,从而降低其催化活性。

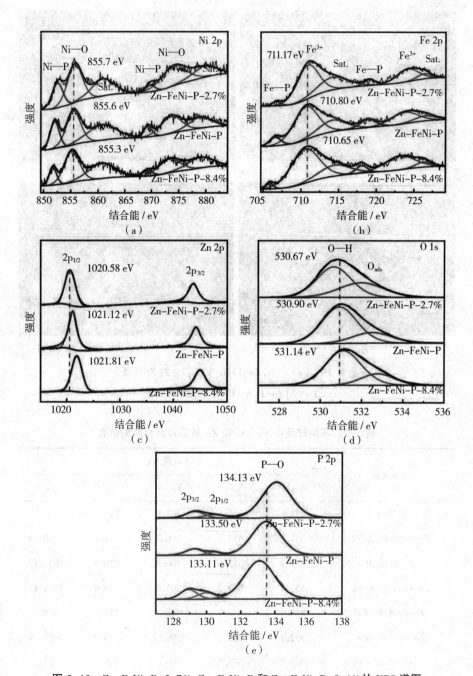

图 5-13　Zn-FeNi-P-2.7%、Zn-FeNi-P 和 Zn-FeNi-P-8.4% 的 XPS 谱图

（a）Ni 2p；（b）Fe 2p；（c）Zn 2p；（d）O 1s；（e）P 2p

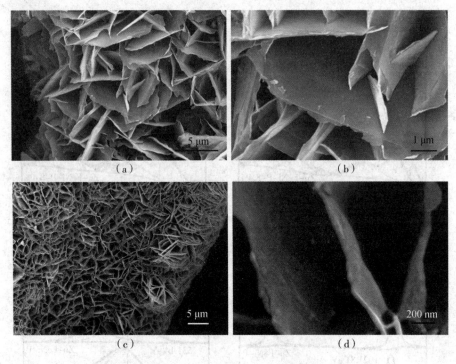

图 5-14　（a）~（b）Zn-FeNi-P-2.7%的 SEM 图；
（c）~（d）Zn-FeNi-P-8.4%的 SEM 图

表 5-2　不同样品中 Fe、Ni 和 Zn 特征峰结合能的位置

样品名称	结合能/eV				
	Ni—P	Ni—O	Fe—P	Fe^{3+}	Zn^{2+}
FeNi-P	852.6	856.1	707.0	711.3	—
Zn-FeNi-P-2.7%	852.5	855.7	706.7	711.1	1020.58
Zn-FeNi-P	851.9	855.6	706.4	710.9	1021.12
Zn-FeNi-P-8.4%	851.2	855.3	705.8	710.6	1021.81
Zn-FeNi-P-300	852.3	855.7	706.4	710.8	1021.20
Zn-FeNi-P-400	852.1	855.6	706.5	710.9	1021.19
Zn-FeNi-P after HER	851.8	855.6	705.5	710.8	1021.13
Zn-FeNi-P after OER	—	856.8	—	711.4	1021.11

与此同时,磷化温度对 Zn-FeNi-P 的晶体结构和形貌也起到关键性作用。Zn-FeNi-P-300、Zn-FeNi-P 和 Zn-FeNi-P-400 的 XRD 谱图如图 5-15 所示,可以看到在不同磷化温度下所得到的 Zn-FeNi-P 具有相同的晶型,但峰的强度随着温度的升高而增强,表明磷化温度对 Zn-FeNi-P 材料的组分没有影响,但其结晶度随着磷化温度的升高而增加。此外,图 5-16 也验证了磷化温度对 Zn-FeNi-P 样品中 Zn 的植入含量和组分没有明显影响。同时,XPS 分析结果(图 5-17)也进一步说明不同磷化温度下合成样品的化学价态同样保持不变。图 5-18(a)和图 5-18(b)是将 Zn-FeNi-LDH 前驱体经过 300 ℃ 煅烧后 Zn-FeNi-P-300 的 SEM 图,其形貌与前驱体形貌相似。然而,随着煅烧温度升高到 400 ℃,Zn-FeNi-P-400 的片层结构出现了明显的团聚并且表面变得粗糙,如图 5-18(c)和图 5-18(d)所示。过低的磷化温度虽然能够保持住材料的形貌,但是其结晶度不够;过高的磷化温度具有更好的结晶度,但不利于维持纳米片阵列的有序形貌。因此说,过低或过高的磷化温度均会导致催化剂具有较差的催化活性。综上所述,Zn 的植入浓度和磷化温度可以控制 Zn-FeNi-P 的形貌和电子结构,从而调控出具有优异催化性能的全解水催化剂。

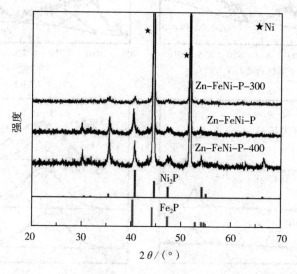

图 5-15　Zn-FeNi-P-300、Zn-FeNi-P 和 Zn-FeNi-P-400 的 XRD 谱图

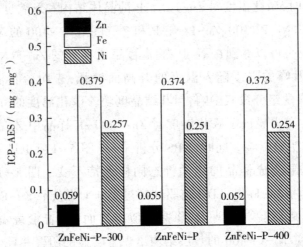

图 5-16　Zn-FeNi-P-300、Zn-FeNi-P 和 Zn-FeNi-P-400 的 ICP 含量柱状图

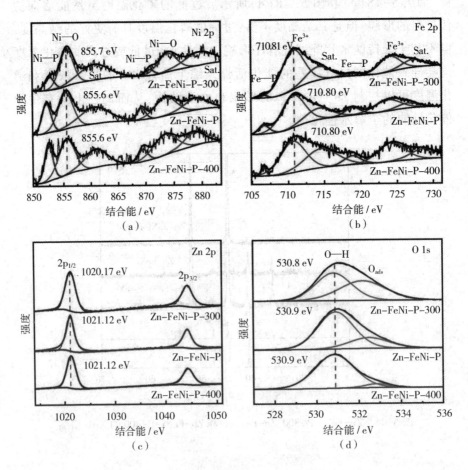

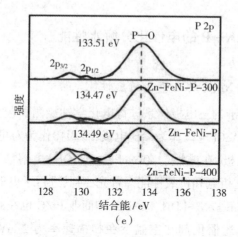

（e）

图 5-17　Zn-FeNi-P-300、Zn-FeNi-P 和 Zn-FeNi-P-400 的 XPS 谱图

（a）Ni 2p；（b）Fe 2p；（c）Zn 2p；（d）O 1s；（e）P 2p

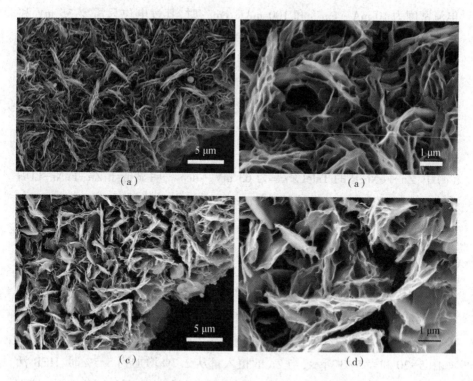

图 5-18　（a）～（b）Zn-FeNi-P-300 的 SEM 图；

（c）～（d）Zn-FeNi-P-400 的 SEM 图

5.2.2　Zn-FeNi-P 的电催化分解水性能

5.2.2.1　Zn-FeNi-P 的电催化析氢性能

笔者采用标准的三电极体系进行电化学性能测试包括电催化析氢和析氧性能。以 Ag/AgCl 电极作为参比电极,石墨棒作为对电极,制备了自支撑电极作为工作电极,在碱性(1.0 mol·L^{-1} KOH)电解液下评价合成的 Zn-FeNi-P 的电催化析氢和析氧性能。首先,对其进行了电催化析氢性能测试,为了进行比较,Zn-FeNi-LDH、FeNi-P 和商业 Pt/C 也在此条件下进行测试。图 5-19(a)是上述催化剂在室温下在扫描速率为 2 mV·s^{-1} 时的 LSV 曲线,且所有的极化曲线都没有经过 IR 校正,表 5-3 列出了相应催化剂的HER 性能数值。在这些催化剂中,Zn-FeNi-P 显示出优异的 HER 活性,当电流密度为 10 mA·cm^{-2} 和 100 mA·cm^{-2} 时,其过电位只需要 55 mV 和167 mV,与 Zn-FeNi-LDH 和 FeNi-P 相比要低很多,并且其电位接近商业Pt/C。同时,从图 5-19(b)和表 5-4 中也可以观察到,在碱性电解液中 Zn-FeNi-P 显著的 HER 活性超过了近期报道的大多数非贵金属催化剂。Zn-FeNi-P 优异的性能主要归因于磷化物的高导电性、独特的片层结构和优异的电子结构。笔者通过拟合极化曲线中的线性区域得到 Tafel 斜率来研究其催化动力学和机理,一般来说,Tafel 斜率越小,催化动力学越快。在图 5-19(c)中,Zn-FeNi-P 的 Tafel 斜率为 63 mV·dec^{-1},明显低于 Zn-FeNi-LDH和 FeNi-P。Zn-FeNi-P 较低的 Tafel 斜率值表明其是通过 Volmer-Heyrovesky 步骤进行 HER 过程的,且电化学解吸是反应的决速步骤。为了进一步研究催化剂的反应动力学过程,笔者进行了 EIS 测试,其 Nyquist 图如图5-19(d)所示。显而易见,与其他催化剂相比,Zn-FeNi-P 具有最小的电荷转移电阻,表明其具有快速的电荷转移特性,有助于提高 HER 催化活性。为了研究催化剂微观结构和 HER 催化性能的关系,笔者将不同 Zn 的植入量、不同磷化温度下制备的催化剂和 Zn-FeNi-P 粉末进行了 HER 活性的研究。如图 5-20 和表 5-3 所示,当 Zn 的植入量从 2.7% 增加到 5.5% 时,HER 活性提高,继续增加到 8.4% 时,HER 活性反而降低,这主要是因为 Zn 的植入可以有效调整 FeNi-P 的电子结构,增强活性位点的电荷密度,加快 HER 反应动力学。但是,过多的 Zn 植入量会改变 FeNi-P 的形貌,从而降低活性位点的暴露,导致 HER 活性降低。不同磷化温度对催化剂 HER 活性也有一定的影响,过低或过高都会造成结晶度较差且纳米片结构塌陷,导致 HER 活性降低(图 5-20)。此外,为了验证自支撑电极的优势,笔者还制备了 Zn-FeNi-P 纳米片粉末,由图 5-21 可知,Zn-FeNi-P 粉末为杂乱的片层结构。当电流密度为 10 mA · cm^{-2} 时,其 HER 过电位为 97 mV,远远高于 Zn-FeNi-P(图 5-22),进一步说明催化剂的微观结构对 HER 活性有重要的影响。同时,表 5-3 所展示的 Zn-FeNi-P 的 Tafel 斜率(63 mV · dec^{-1})低于 Zn-FeNi-P-2.7%、Zn-FeNi-P-8.4%、Zn-FeNi-P-300、Zn-FeNi-P-400 和 Zn-FeNi-P 粉末,进一步核实了适当的 Zn 植入有利于 FeNi-P 电子结构和微观形貌的调控,从而对 HER 反应动力学的提高起到关键作用。

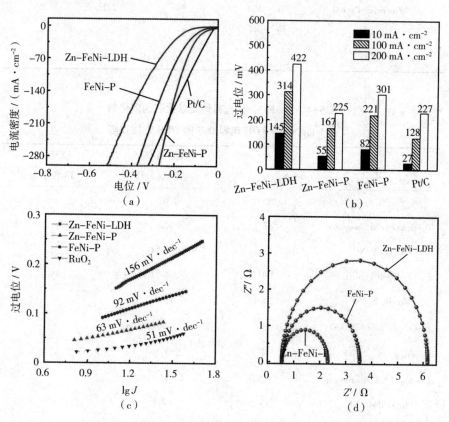

图 5-19 Zn-FeNi-LDH、FeNi-P 和 Zn-FeNi-P 和商业 Pt/C 的 HER 性能

(a)极化曲线;(b)不同电流密度下的过电位和(c)Tafel 斜率;

(d)Zn-FeNi-LDH、FeNi-P 和 Zn-FeNi-P 的 Nyquist 图

表 5-3　不同催化剂的 HER 和 OER 性能

样品	HER		OER	
	过电位/mV	Tafel 斜率/ $(mV \cdot dec^{-1})$	过电位/mV	Tafel 斜率/ $(mV \cdot dec^{-1})$
Zn-FeNi-LDH	145	156	255	71
FeNi-P	82	92	221	67
Zn-FeNi-P-2.7%	73	71	237	57
Zn-FeNi-P	55	63	207	51
Zn-FeNi-P-8.4%	139	85	254	60
Zn-FeNi-P-300	113	105	262	75
Zn-FeNi-P-400	101	94	241	58
Pt/C	27	51	—	—
RuO_2	—	—	239	83

表 5-4　Zn-FeNi-P 与其他文献报道的催化剂
在 1 mol · L^{-1} KOH 电解液中的 HER 性能比较

催化剂	过电位/mV $(10\ mA \cdot cm^{-2})$	Tafel 斜率/ $(mV \cdot dec^{-1})$	是否 IR 校正
Zn-NiFe-P	55	63	×
Nb-doped FeNi phosphide	58	52	√
NiCoZnP/NC	74	47.51	×
Cr-doped FeNi-P	190	68.51	√
$Zn-Ni_3S_2$/NF	78	78	√
$H-CoS_x$ @ NiFe LDH/NF	95	90	×
$Fe_{0.29}Co_{0.71}P$/NF	74	53.56	√
W-doped NiFe nanosheet	115	113	×
Ru-NiFeP/NF	56	67.8	×
NiMoFeP	68	76	×
CoP HoMS	93	50	√

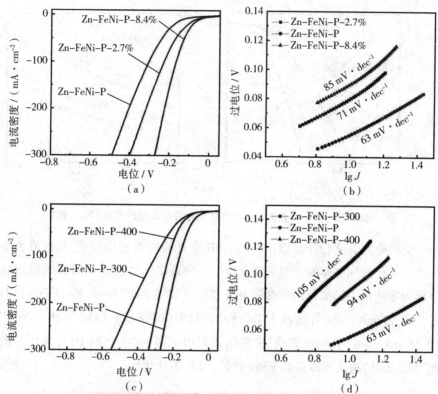

图 5-20　Zn-FeNi-P-2.7%、Zn-FeNi-P 和 Zn-FeNi-P-8.4%的
（a）HER 极化曲线和相应的（b）Tafel 斜率；Zn-FeNi-P-300、Zn-FeNi-P
和 Zn-FeNi-P-300 的（c）HER 极化曲线和相应的（d）Tafel 斜率

图 5-21　Zn-FeNi-P 粉末的 SEM 图

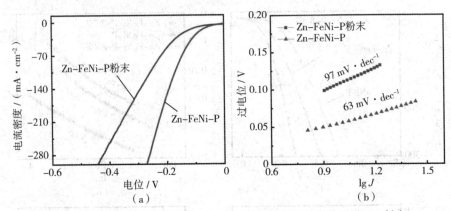

图 5-22　Zn-FeNi-P 粉末的（a）HER 极化曲线和相应的（b）Tafel 斜率

交换电流密度（J_0）与催化剂的 HER 本征活性有密切关系，其数值大小取决于催化剂和电解液之间的固有电子转移速率。通过将 Tafel 图外推至纵坐标为零获得不同催化剂的交换电流密度。如图 5-23 所示，Zn-FeNi-P 的 J_0 为 0.71 mA·cm^{-2}，远高于 Zn-FeNi-LDH（0.48 mA·cm^{-2}）和 FeNi-P（0.59 mA·cm^{-2}），再次表明 Zn 的植入可以提高 FeNi-P 的 HER 性能。由此可知，Zn 的植入可以提高 FeNi-P 的 HER 本征活性。

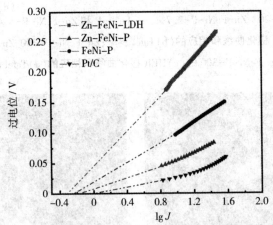

图 5-23　不同催化剂在 1 mol·L^{-1} KOH 电解液中的 J_0

如图 5-24 所示，Zn-FeNi-P 的 C_{dl} 为 66.4 mF·cm^{-2}，高于其他催化剂，较高的 C_{dl} 值表明 Zn-FeNi-P 具有较高的 ECSA，这主要是 Zn-FeNi-P 的超薄片层阵列结构使其暴露出更多的活性位点，从而进一步提高 HER 的催化效率。

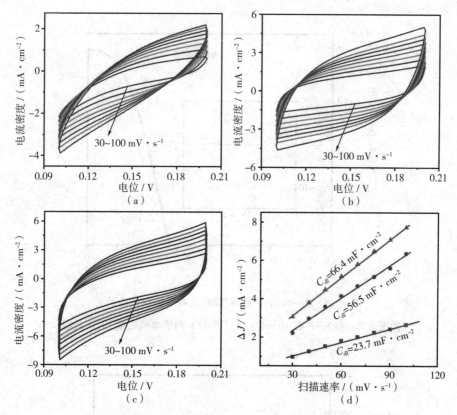

图 5-24　(a) Zn-FeNi-LDH、(b) FeNi-P 和 (c) Zn-FeNi-P
在 1 mol·L^{-1} KOH 电解液中的 CV 图,扫描速率为 30~100 mV·s^{-1};
(d) Zn-FeNi-P 及其对比样品的双电层电容曲线

除了催化活性外,稳定性也是影响催化剂实际应用的一个重要因素。如图 5-25 所示,经过 3000 次循环后,Zn-FeNi-P 的极化曲线几乎与初始极化曲线相重叠。笔者又采用计时安培法评价 Zn-FeNi-P 的长期恒电压稳定性,由电流密度-时间曲线表明,即使连续测试 48 h,电流密度仍然保持稳定。值得关注的是,即使在电流密度为 100 mA·cm^{-2} 的大电流下,该催化剂仍能维持 48 h 的活性,表明 Zn-FeNi-P 具有优异的 HER 稳定性。综上所述,Zn-FeNi-P 具有优异的 HER 活性和催化稳定性。

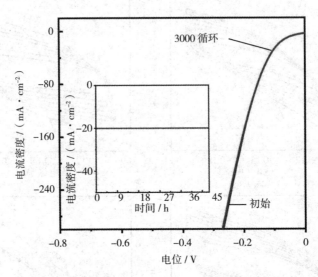

图 5-25 Zn-FeNi-P 循环 3000 次前后的极化曲线，

插图为 Zn-FeNi-P 在 10 mA·cm^{-2} 下 48 h 内的电流密度-时间曲线

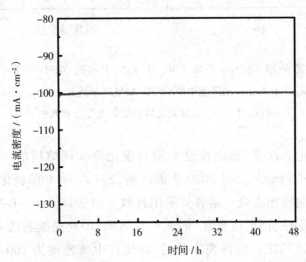

图 5-26 Zn-FeNi-P 在电流密度为 100 mA·cm^{-2} 下 48 h 内的电流密度-时间曲线

5.2.2.2 Zn-FeNi-P 的电催化析氧性能

Zn-FeNi-P 基电催化剂在 OER 性能方面同样具有优异的活性和广泛

的应用,因此笔者同时评估了 Zn-FeNi-P、Zn-FeNi-LDH、FeNi-P 和商业 RuO₂ 的 OER 活性。这些样品的 OER 活性与 HER 活性相似。如图 5-27 (a)和表 5-5 所示,当电流密度为 10 mA·cm⁻² 时,Zn-FeNi-P 的过电位为 207 mV,比其他催化剂都要低。Zn-FeNi-P 在碱性电解液中的催化活性甚至优于商业 RuO₂ 和其他文献报道的非贵金属 OER 催化剂。图 5-27(c)描绘了 Zn-FeNi-P、Zn-FeNi-LDH、FeNi-P 和商业 Pt/C 的 Tafel 斜率,Tafel 斜率越小,证明其 OER 催化动力学越快,所以计算结果进一步证明了 Zn-FeNi-P 同样具有优异的 OER 催化活性。图 5-27(d)为 Zn-FeNi-LDH、FeNi-P 和 Zn-FeNi-P 的 Nyquist 图,可以观察到 Zn-FeNi-P 同样具有最小的电荷转移电阻,进一步揭示了 Zn 植入能够提高 FeNi-P 的电荷转移能力。图 5-28 和图 5-29 为不同 Zn 植入量、不同磷化温度和无 NF 载体存在的实验条件下制备的对比样品(Zn-FeNi-P-2.7%、Zn-FeNi-P-8.4%、Zn-FeNi-P-300、Zn-FeNi-P-400、Zn-FeNi-P 粉末)的 OER 性能的 LSV 曲线和 Tafel 斜率。通过测试可以看出,Zn-FeNi-P 具有最好的 OER 活性和最快速的电荷传输能力,其原因主要是适量的 Zn 植入不但可以调节 FeNi-P 的电子结构,还可以调控 FeNi-P 的微观结构,从而产生和暴露出更多的活性位点,从本质上提高材料的 OER 催化活性。

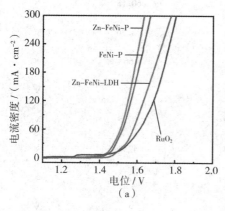

(a)

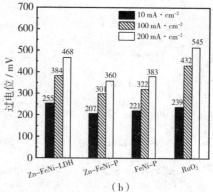

(b)

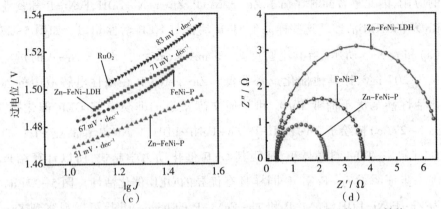

图 5-27　Zn-FeNi-LDH、FeNi-P 和 Zn-FeNi-P 和商业 RuO₂ 的 OER 性能

（a）极化曲线；（b）10 mA·cm² 和 100 mA·cm² 下的过电位

和（c）Tafel 斜率；（d）Zn-FeNi-LDH、FeNi-P 和 Zn-FeNi-P 的 Nyquist

表 5-5　Zn-FeNi-P 与其他文献报道的催化剂

在 1 mol·L⁻¹ KOH 电解液中的 HER 性能比较

催化剂	过电位/mV (10 mA·cm⁻²)	Tafel 斜率/ (mV·dec⁻¹)	是否进行 IR 校正
Zn-NiFe-P	207	51	×
Nb-doped FeNi phosphide	280	59	√
NiCoZnP/NC	228	60.12	×
Cr-doped FeNi-P	240	72.36	√
V-doped Ni₂P	221	66	×
N-NiVFeP/NFF	229	72	√
Ru-NiSe₂/NF	210	60.5	√
FeCoNi-LDH	269	42.3	×
Sn₄P₃/Co₂P SCNA	280.4	72.8	×
Co-CoO/Ti₃C₂-MXene	306	47	√

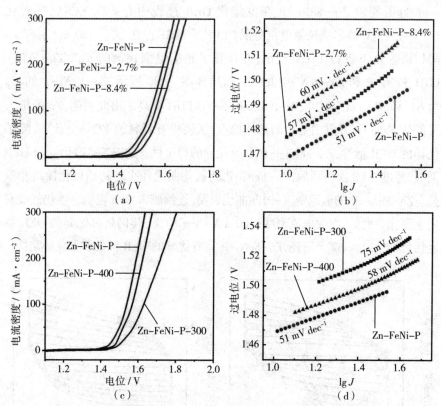

图 5-28　Zn-FeNi-P-2.7%、Zn-FeNi-P 和 Zn-FeNi-P-8.4% 的
(a)OER 极化曲线和相应的(b)Tafel 斜率;Zn-FeNi-P-300、Zn-FeNi-P
和 Zn-FeNi-P-400 的(c)OER 极化曲线和相应的(d)Tafel 斜率

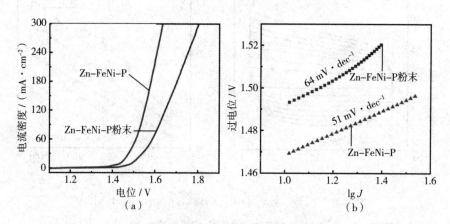

图 5-29　Zn-FeNi-P 粉末的(a)OER 极化曲线和相应的(b)Tafel 斜率

为了探索 Zn-FeNi-P 在电催化 OER 过程中有效的 ECSA，笔者在 1.15~1.25 V 的非法拉第电位范围（相对于 RHE），在 20 ~ 160 mV·s^{-1} 不同扫描速率下进行了 CV 测试，并计算了相应电催化剂的 C_{dl}。Zn-FeNi-LDH、FeNi-P 和 Zn-FeNi-P 的 CV 曲线如图 5-30 所示，Zn-FeNi-P 的 C_{dl} 为 64.4 mF·cm^{-2}，比 FeNi-P 和 Zn-FeNi-LDH 要高。由此表明，Zn 的植入可促使 FeNi-P 暴露出更多的活性位点，从而提升材料的 ECSA。此外，除了优异的 OER 活性，Zn-FeNi-P 还具有优异的稳定性。如图 5-31 所示，与 HER 类似，经过 3000 次循环后，Zn-FeNi-P 的极化曲线几乎与初始极化曲线相重叠。Zn-FeNi-P 的电流密度-时间曲线表明，连续测试 48 h 电流密度仍然没有发生变化。此外，在大电流密度（100 mA·cm^{-2}）下，其仍具有优异的 OER 稳定性（图 5-32）。综上所述，Zn-FeNi-P 具有优异的 OER 活性和催化稳定性。

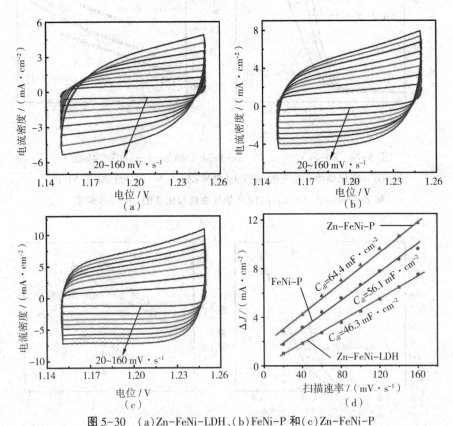

图 5-30 （a）Zn-FeNi-LDH、（b）FeNi-P 和（c）Zn-FeNi-P
在 1 mol·L^{-1} KOH 电解液中的 CV 图，扫描速率为 20~160 mV·s^{-1}；
（d）Zn-FeNi-P 及其对比样品的双电层电容曲线

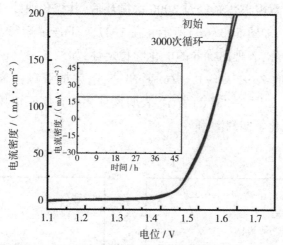

图 5-31 Zn-FeNi-P 循环 3000 次前后的极化曲线,

插图为 Zn-FeNi-P 在 10 mA·cm⁻²下 48 h 内的电流密度-时间曲线

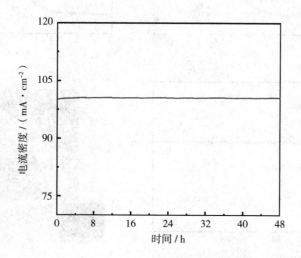

图 5-32 Zn-FeNi-P 在 100 mA·cm⁻²下 48 h 内的电流密度-时间曲线

由于制备的 Zn-FeNi-P 在 HER 和 OER 中均具有优异的催化活性,因此将该催化剂同时作为阴极和阳极构建一个碱性电解池应用于整体的全解水。如图 5-33(a)所示,Zn-FeNi-P ‖ Zn-FeNi-P 双电极体系仅需要 1.47 V 的过电位就可达到 10 mA·cm⁻² 的电流密度,优于商业 Pt/C/NF ‖ RuO₂/NF 双电极体系(10 mA·cm⁻²,1.56 V)和大多数文献报道的双功能催化剂组装的双电极体系,如表 5-6 所示。此外,Zn-FeNi-P

‖Zn-FeNi-P 双电极体系经过 3000 次循环后,其极化曲线几乎与初始极化曲线相重叠,如图 5-33(b)所示。在 1.47 V 下连续运行 48 h 后,其活性没有明显下降,表现出优异的电化学稳定性,如图 5-33(c)。更为重要的是,组装好的 Zn-FeNi-P‖Zn-FeNi-P 电解槽可以由商业 AA 电池(1.5 V)供电,如图 5-33(d)所示,表明该催化剂在实际应用中具有将低电压能转化为化学能的潜力。

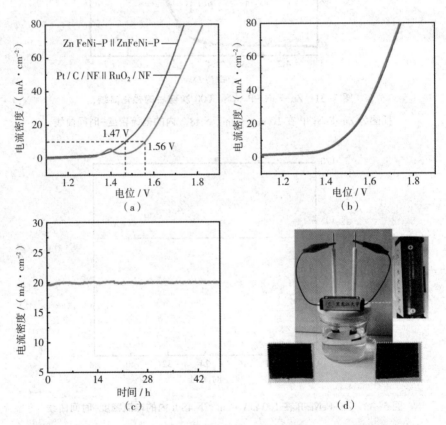

图 5-33　(a)Zn-FeNi-P‖Zn-FeNi-P 和 Pt/C/NF‖RuO₂/NF 双电极体系的
全解水极化曲线;(b)Zn-FeNi-P‖Zn-FeNi-P 双电极体系循环 3000 次前后的极化曲线;
(c)Zn-FeNi-P‖Zn-FeNi-P 双电极体系在 20 mA·cm⁻²下 48 h 内的电流密度-时间曲线;
(d)由标准电压为 1.5 V 的 AA 电池驱动分解水装置的照片

表 5-6　Zn-FeNi-P 与其他文献报道的催化剂
在 1 mol·L⁻¹ KOH 电解液中的全解水性能比较

电池正负极	电流密度/(mA·cm⁻²)	全解水电压/V
Zn-NiFe-P ‖ Zn-NiFe-P	10	1.47
Fe-CoP/Ni(OH)₂ ‖ Fe-CoP/Ni(OH)₂	10	1.52
hcp-Ni₃Fe/C ‖ hcp-Ni₃Fe/C	10	1.54
Cr-doped FeNi-P ‖ Cr-doped FeNi-P	10	1.50
NiCoZnP/NC ‖ NiCoZnP/NC	10	1.54
Nb-doped FeNi phosphide ‖ Nb-doped FeNi phosphide	10	1.51
NC/Ni₃Mo₃N/NF ‖ NiMoO₄·xH₂O/NF	10	1.58
Sn₄P₃/Co₂P SCNA ‖ Sn₄P₃/Co₂P SCNA	10	1.56
Ru-NiSe₂/NF ‖ Ru-NiSe₂/NF	10	1.53
Cu₃P/Ni₂P@CF ‖ Cu₃P/Ni₂P@CF	10	1.56

　　为了进一步阐明所制备的 Zn-FeNi-P 的活性来源,笔者对经过 HER 和 OER 反应后的 Zn-FeNi-P 进行结构表征,探索其结构信息和化学组成。首先,对 HER 反应后的 Zn-FeNi-P 进行了 XRD 测试,如图 5-34 所示。经过 HER 反应后的 Zn-FeNi-P 与原始的 Zn-FeNi-P 的衍射峰一致,HER 反应后催化剂保留了原有晶相,说明 HER 反应过程中活性组分来源于 Zn-FeNi-P 自身。为了进一步验证 HER 活性组分,笔者对 HER 反应后的 Zn-FeNi-P 进行了 XPS 分析。如图 5-35 所示,可以看出 HER 反应后,Zn-FeNi-P 的 Ni 2p、Fe 2p、Zn 2p、O 1s 和 P 2p 的高分辨 XPS 谱图与原始 Zn-FeNi-P 的 XPS 谱图没有差别,进一步揭示了 Zn-FeNi-P 对 HER 具有显著的结构稳定性。此外,ICP-AES 测定结果也表明 Zn-FeNi-P 的金属含量在 HER 反应前后并无明显差异。XRD、XPS 和 ICP-AES 结果表明,优异的 HER 活性来自于 Zn-FeNi-P 本身。然而,与 HER 反应后的活性组分相比,Zn-FeNi-P 在 OER 反应后其活性来源发生了改变。如图 5-34 所示,经 OER 反应后,Zn-FeNi-P 的晶体结构没有明显变化,但是相应的峰强度显著下降,这主要是由于大部分 Zn-FeNi-P 在反应过程中形成了非晶态的氧化物或氢氧化物,并

包覆在 Zn-FeNi-P 表面。XPS 分析也进一步揭示了催化剂表面化学状态的变化,图 5-35(a)和图 5-35(b)是 Zn-FeNi-P 在 OER 反应后的 Ni 2p 和 Fe 2p 的高分辨率 XPS 谱图,由图可知,金属—P 键(Fe—P 键和 Ni—P 键)对应的特征峰消失了,而高价氧化金属态对应的峰相对于反应前有所增加。图 5-35(c)对应的是 Zn 2p 的高分辨率 XPS 谱图,表明了催化剂反应前后 Zn 一直稳定存在。在图 5-35(d)的 O 1s 高分辨率 XPS 谱图中,与反应前的 Zn-FeNi-P 相比,金属—O 键的峰强明显增高,进一步证明了反应后会在催化剂表面生成新的氧化物/氢氧化物。同时,图 5-35(e)为 Zn-FeNi-P 的 P 2p 高分辨率 XPS 谱图,结合能在 134 eV 处出现了一个强峰,该峰归属于磷酸盐的 P—O 键。经过 OER 之后,磷化物的峰全部消失,说明磷化物在 OER 反应后表面已转变为无定形氧化物/氢氧化物。以上 XPS 分析验证了 OER 活性的主要贡献者是 Zn-FeNi-P 在 OER 反应过程中氧化产生的氧化物/氢氧化物,这与以往关于 OER 的磷基催化剂报道一致。从图 5-36 的 SEM 图可以看出,无论是 HER 还是 OER 反应过程,反应后的 Zn-FeNi-P 仍然保持原有状态,进一步说明催化剂具有较高的结构稳定性。此外,为了深入研究 Zn-FeNi-P HER 和 OER 反应后的微观结构,笔者对其进行了 TEM 和 HR-TEM 的表征。如图 5-36(b)和图 5-36(c)所示,Zn-FeNi-P HER 反应后,其结构没有发生变化,并且其暴露的晶格与 HER 反应前的一致。但是,在 OER 反应后,Zn-FeNi-P 的微观结构发生了变化。从图 5-36(e)和图 5-36(f)可以看出,在 Zn-FeNi-P 的外层已经出现约 8 nm 的无定形氧化层,这主要是因为在 OER 高电位氧化下,磷化物转变为相应的氧化物/氢氧化物,这与 XPS 的分析结果相似。

基于以上结果分析,Zn-FeNi-P 具有优异的 HER 和 OER 催化活性主要归结于以下几个方面:(1)超薄片状结构能够为电解液的快速扩散提供丰富的表面离子/电子位点,从而促进气体(H_2 和 O_2)从催化剂表面有效释放;(2)具有高导电性的磷化物与 NF 基底的紧密结合有利于电子在电催化全解水过程中快速且稳定的转移;(3)Zn 的适量植入有效调控了 Fe-Ni-P 的微观结构和电子排列,从而从本质上优化了催化剂在全解水过程中电化学反应的动力学。

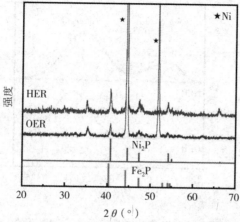

图 5-34 HER 和 OER 电化学反应后 Zn-FeNi-P 的 XRD 谱图

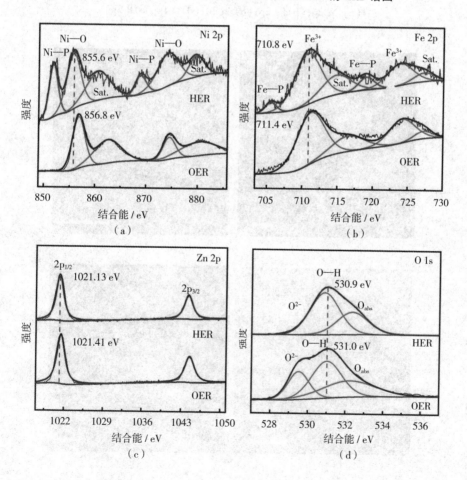

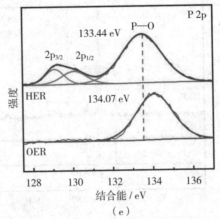

（e）

图 5-35　HER 和 OER 电化学反应后 Zn-FeNi-P 的 XPS 谱图

（a）Ni 2p；（b）Fe 2p；（c）Zn 2p；（d）O 1s；（e）P 2p

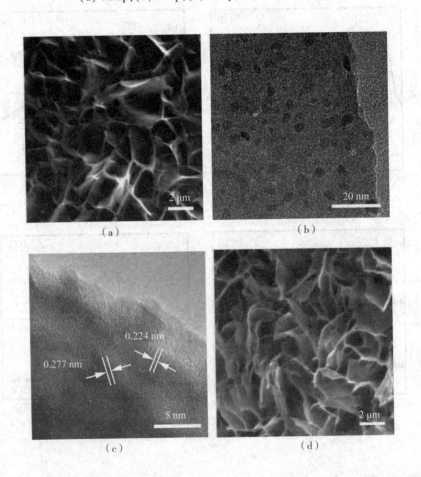

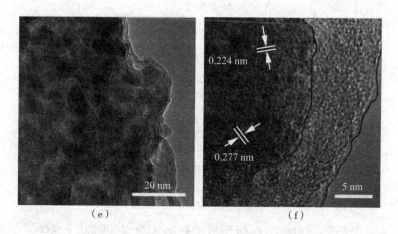

（e）　　　　　　　　　　　（f）

图 5-36　Zn-FeNi-P(a)HER 和(b)OER 电化学反应后的 SEM 和 TEM 图

5.2.2.3　Zn-FeNi-P 的催化机制分析

为了进一步探究 Zn-FeNi-P 的 HER 和 OER 活性来源,笔者进行了密度泛函理论(DFT)计算。图 5-37(a)为基于 XRD 和 TEM 构建的 FeNi-P、Zn-FeNi-P 和 Zn-FeNi-P 氧化后(Zn-FeNi-P-OL)的几何模型,可用于 HER 和 OER 活性的 DFT 计算。图 5-37(b)为 Zn 植入前后 FeNi-P 的态密度(DOS)。与 FeNi-P 相比,Zn-FeNi-P 在费米能级附近的局域态具有更多的电子占据,从而说明 Zn-FeNi-P 具有更高的电子态密度,显著提升了分子(水分子)及自由基(H 和 OH)的吸附强度,从而促进 HER 和 OER 反应催化活性的提升。另外,Zn 的植入可以在费米能级附近的局域态产生新的电子态,进而降低 FeNi-P 的带隙,提升催化剂的导电性,增强电子迁移率,实现电子的快速传递,这与 EIS 和 WF 测试的结果是一致的。

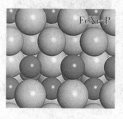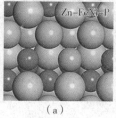

（a）

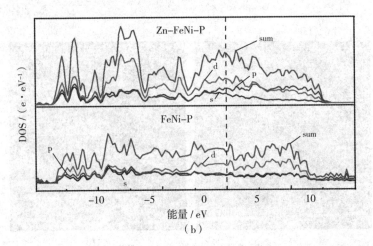

图 5-37　（a）FeNi-P、Zn-FeNi-P 和 Zn-FeNi-P-OL 的几何模型；
（b）FeNi-P 和 Zn-FeNi-P 的 DOS 图

　　此外，H*吸收的吉布斯自由能变化（ΔG_{H^*}）被认为是评价催化剂催化活性的重要参数，一般说来，ΔG_{H^*}的绝对值越小说明催化剂的 HER 活性越高；ΔG_{H^*}的绝对值越接近于零，H*解吸越容易，从而促进 HER 反应动力学。图 5-38 和图 5-39 为 H*在 FeNi-P、Zn-FeNi-P 不同吸附位的优化几何模型，通过 DFT 计算，如图 5-40 所示，在 FeNi-P 表面的 P 位点的 ΔG_{H^*}的绝对值为 0.25 eV，而在 Zn-FeNi-P 表面，P 位点的 ΔG_{H^*}的绝对值为 0.11 eV，说明 Zn 的植入有利于优化催化剂对 H*的吸附能力。

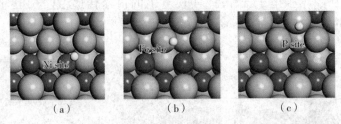

图 5-38　H*在 FeNi-P 中（a）Ni 位点、（b）Fe 位点和（c）P 位点的吸附几何模型

图 5-39 H* 在 Zn-FeNi-P 表面(a)Ni 位点、(b)Fe 位点、(c)Zn 位点
和(d)P 位点的吸附几何模型

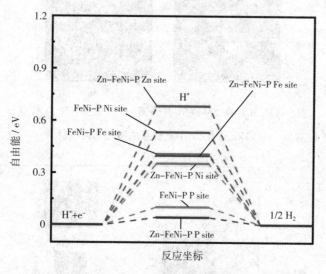

图 5-40 H* 在 FeNi-P 和 Zn-FeNi-P 表面不同位点吸附的吉布斯自由能变化

　　众所周知,催化剂对水分子的吸附在碱性电解液中的析氢和析氧过程中水的解离具有非常重要的作用。图 5-41 和图 5-42 为 H_2O 在 FeNi-P、Zn-FeNi-P 不同吸附位的吸附几何模型,通过计算(图 5-43)在 Zn-FeNi-P 表面 Fe 位点具有最小的吸附能,说明 Zn 植入改变了 FeNi-P 的电子结构,从而有利于 H_2O 的有效吸附,提升了催化剂的 HER 催化活性。

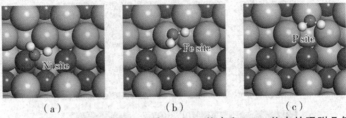

图 5-41　H$_2$O 在 FeNi-P 中(a)Ni 位点、(b)Fe 位点和(c)P 位点的吸附几何模型

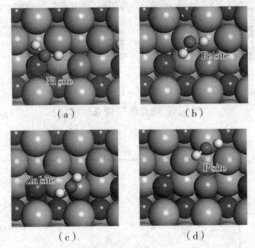

图 5-42　H$_2$O 在 Zn-FeNi-P 表面(a)Ni 位点、(b)Fe 位点、

(c)Zn 位点和(d)P 位点的吸附几何模型

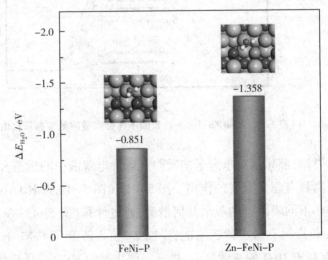

图 5-43　H$_2$O 在 FeNi-P 和 Zn-FeNi-P 表面上的吸附能

笔者进一步通过 DFT 计算对 FeNi-P 和 Zn-FeNi-P 的 OER 反应过程进行了机理研究。基于实验结果,在 OER 反应过程中,FeNi-P 和 Zn-FeNi-P 表面均会生成无定形的氧化层,因此,笔者建立了新的几何模型。与此同时,中间体在不同活性位点的吸附模型如图 5-44、图 5-45 和图 5-46 所示,并通过四电子机制计算得到 FeNi-P、Zn-FeNi-P 和 Zn-FeNi-P-OL 在不同吸附位点的吸附能(图 5-47 和表 5-7)。由此可以观察到 O^* 向 OOH^* 转化过程展示了最高的吉布斯自由能变化,因此这一步骤为 OER 反应的决速步骤。Zn-FeNi-P-OL 的 RDS 能量差为 1.41 eV,其值要远远低于 Zn-FeNi-P 和 FeNi-P,说明了无定形氧化层的产生降低了 RDS 能量从而提升了 OER 催化活性。简言之,实验观察和理论计算均说明 Zn 的植入是制备高性能双功能催化剂的有效途径。

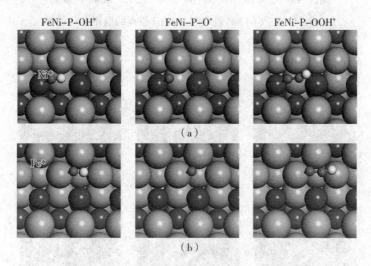

图 5-44　中间体 OH^*、O^* 和 OOH^* 在 FeNi-P
表面(a)Ni^* 位点和(b)Fe^* 位点的吸附几何模型

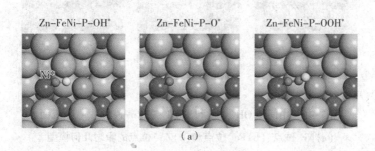

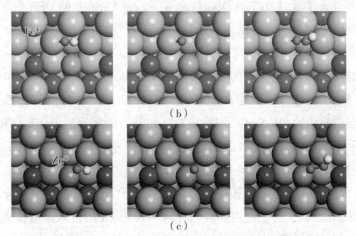

图 5-45　中间体 OH*、O* 和 OOH* 在 Zn-FeNi-P 表面
（a）Ni*位点、（b）Fe*位点和（c）Zn*位点的吸附几何模型

Zn-FeNi-P-OL-OH*　　Zn-FeNi-P-OL-O*　　Zn-FeNi-P-OL-OOH*

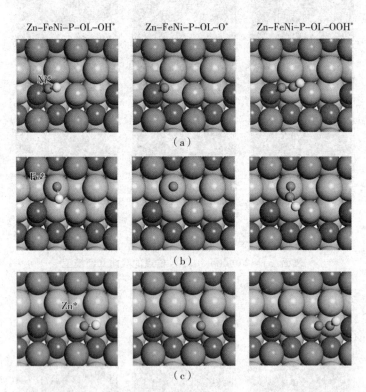

图 5-46　中间体 OH*、O* 和 OOH* 在 Zn-FeNi-P-OL 表面
（a）Ni*位点、（b）Fe*位点和（c）Zn*位点的吸附几何模型

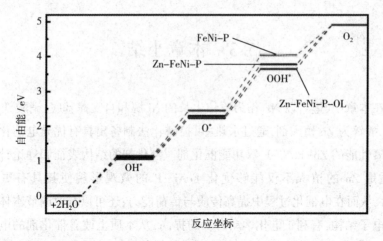

**图 5-47　中间体 OH*、O* 和 OOH* 在 FeNi-P、Zn-FeNi-P 和 Zn-FeNi-P-OL
表面不同位点吸附的吉布斯自由能变化**

表 5-7　OER 反应过程中在 FeNi-P、Zn-FeNi-P 和 Zn-FeNi-P-OL 表面不同位点的吸附能

吸附位点	OER			
	$\Delta G_1 = \Delta G_{HO^*-H_2O}$ /eV	$\Delta G_1 = \Delta G_{HO^*-H_2O}$ /eV	$\Delta G_3 = \Delta G_{HOO^*-O^*}$ /eV(RDS)	$\Delta G_4 = \Delta G_{O_2-HOO^*}$ /eV
Ni site of FeNi-P	0.99	1.01	1.67	1.26
Fe site of FeNi-P	1.15	1.30	1.59	0.87
Ni site of FeNi-P-OL	1.07	1.12	1.60	1.14
Fe site of FeNi-P-OL	1.08	1.17	1.51	1.15
Zn site of Zn-FeNi-P	1.03	1.24	1.56	1.08
Ni site of Zn-FeNi-P	0.94	1.32	1.50	1.15
Fe site of Zn-FeNi-P	111	1.18	1.49	1.15
Zn site of Zn-FeNi-P-OL	1.08	1.21	1.50	1.11
Ni site of Zn-FeNi-P-OL	1.07	1.23	1.46	1.15
Fe site of Zn-FeNi-P-OL	1.05	1.17	1.41	1.27

5.3　本章小结

在本章中,笔者以 NF 作为原位生长的 Ni 源和自支撑基底,硝酸铁为 Fe 源,乙酸锌为 Zn 植入剂,通过水热-可控磷化法制备出具有优异电催化析氢和析氧性能的 Zn-FeNi-P 双功能催化剂。催化剂的结构表征和理论计算证明,适量 Zn 的植入不仅能够优化 FeNi-P 的微观形貌使其具有更大的 ECSA,从而在电催化过程中提高传质与传荷能力;还可以有效调节本体催化剂的电子结构,有利于电化学动力学的提高,从本质上改善催化剂的电催化分解水性能。根据以上优点,Zn-FeNi-P 在碱性电解液中展示出优异的双功能电催化特性。在电流密度为 10 mA·cm^{-2} 下,其所需的 HER 和 OER 过电位分别为 55 mV 和 273 mV。将双功能 Zn-FeNi-P 同时作为阴极和阳极进行两电极全解水测试时,只需要 1.47 V 的电压即可提供 10 mA·cm^{-2} 的电流密度,并且其具有优异的循环稳定性,在 48 h 后,电流密度仍能保持初始状态。

第6章 含氮碳包覆 $SnSe_{0.5}S_{0.5}$ 微米花负极材料的有效合成及其储钠特性研究

6.1 引　言

近几年,人们致力于开发高性能和高储备的钠离子电池负极材料,如过渡金属氧化物、氮化物、磷化物、硫化物和硒化物。与过渡金属氧化物相比,过渡金属硫化物和硒化物中的 M—S 键和 M—Se 键较弱,有利于电化学转化反应的发生。而在众多过渡金属中,锡基材料因其理论比容量大、价格低和可逆性强等优势被应用到钠离子电池中。因此,锡-硫硒化物因其具有良好的电化学性得到科研工作者的广泛关注。锡-硫硒化物的电化学反应主要为合金化和脱合金化反应,所以具有更高的比容量。基于 $Na_{15}Sn_4$ 的完全钠化状态,锡的理论比容量为 847 mAh · g^{-1}。然而,在钠离子嵌入和脱嵌过程中,锡-硫硒化物存在严重的体积膨胀,致使循环性能大幅度降低。为了有效提高锡-硫硒化物电极材料的循环稳定性,首先,可以通过调控锡-硫硒化物的微观结构以降低电极材料在充放电过程中的机械应变,保护结构的完整性。其次,可将电极材料与其他导电材料在纳米尺度范围内进行包覆或复合,在缓冲循环过程中体积膨胀的同时降低离子团聚,同时增强材料的导电性。目前,$SnSe_{0.5}S_{0.5}$ 具有较高的理论比容量,但 $SnSe_{0.5}S_{0.5}$ 三元锡基化合物作为钠离子电池负极材料鲜有报道。因此,通过简单的实验方法合成具有高比容量和高稳定性的 $SnSe_{0.5}S_{0.5}$ 三元锡基化合物仍然具有非常大的挑战。

在本章中,首先通过一步水热法合成出花状的 SnSe 基纳米材料,并在其表面包覆一层聚吡咯（PPy），再通过同步煅烧－硫化工艺制备出含氮碳包覆的 $SnSe_{0.5}S_{0.5}$ 微米花钠离子电池负极材料。通过物理结构表征手段和钠离子电池电化学性能测试可知，笔者已经成功制备出含氮碳包覆的 $SnSe_{0.5}S_{0.5}@N-C$ 微米花材料。当其作为钠离子电池负极时，表现出较高的可逆容量和优异的循环性能。在 $0.2\ A \cdot g^{-1}$ 的电流密度下，电极材料的初始放电比容量为 746 mAh $\cdot g^{-1}$，且在循环 100 圈之后可逆比容量仍然高达 430.7 mAh $\cdot g^{-1}$。含氮碳包覆的 $SnSe_{0.5}S_{0.5}$ 微米花钠离子电池负极材料的有效制备为钠离子电池的实际应用提供了有效的实验和理论依据。

6.2　结果和讨论

6.2.1　$SnSe_{0.5}S_{0.5}@N-C$ 的形貌与结构

含氮碳包覆 $SnSe_{0.5}S_{0.5}$ 微米花钠离子电池负极材料是通过水热－煅烧－硫化工艺法制备得到的。首先，将二氧化硒粉末和一定量碱源混合加入去离子水中，再加入还原剂抗坏血酸，水热反应后得到含硒溶液；然后，将含硒溶液快速加入到含有一定量二氯化锡和碱源的水溶液中，搅拌均匀后陈化。反应完全后得到由片层结构组装的花状 SnSe 材料。随后，将花状 SnSe 作为模板和前驱体在其表面包覆一层 PPy，得到黑色 SnSe@PPy 聚合体。最后，将 SnSe@PPy 聚合体在硫粉存在的条件下，高温加热得到含氮碳包覆 $SnSe_{0.5}S_{0.5}$ 微米花（命名为 $SnSe_{0.5}S_{0.5}@N-C$）钠离子电池负极材料。

笔者对 SnSe 前驱体和 SnSe@PPy 聚合体的微观结构进行了表征。图 6-1(a)和图 6-1(b)为 SnSe 前驱体的 SEM 图，从图中可以观察到 SnSe 前驱体是由大小均一的纳米片组装的微米花，其直径为 1~1.5 μm，并且分散均匀。图 6-1(c)和图 6-1(d)为 SnSe@PPy 聚合体的 SEM 图，由图可知 SnSe@PPy 聚合物的整体相貌并没有发生明显的变化，仍然保持了原有的花状结构，仅是直径比 SnSe 前驱体略大，这主要是由于 SnSe 前驱体外层包覆了一层 PPy,SnSe 前驱体表面包裹的 PPy 不仅为后面含氮碳包覆提供碳源和氮源,而且也能够防止 SnSe 前驱体在煅烧后发生团聚现象。

（a）　　　　　　　　　（b）

（c）　　　　　　　　　（d）

图 6-1　（a）-（b）SnSe 前驱体的 SEM 图;
（c）-（d）SnSe@ PPy 聚合体的 SEM 图

　　为了进一步研究 SnSe 前驱体和 SnSe@ PPy 聚合体的微观结构,笔者对 SnSe 前驱体和 SnSe@ PPy 聚合体样品进行了 TEM 测试。从图 6-2（a）和图 6-2（b）可以看出,SnSe 为直径为 1~1.5 μm 的微米花,且微米花是由纳米片组装的。图 6-2（c）和图 6-2（d）为 SnSe@ PPy 聚合体的 TEM 图,从图中可以观察到 SnSe@ PPy 聚合体分散性更加均匀,同时可以看出花状 SnSe 前驱体外部包覆了一层薄薄的 PPy,这与 SEM 测试结果是一致的。以上分析结果表明,SnSe@ PPy 聚合体已成功制备,为 SnSe$_{0.5}$S$_{0.5}$@ N-C 微米花钠离子电池负极材料的合成提供了有效的前驱体和模板。

　　将 SnSe@ PPy 聚合体在硫粉存在 N$_2$ 保护的情况下进行高温煅烧得到 SnSe$_{0.5}$S$_{0.5}$@ N-C 微米花电极材料。图 6-3（a）和图 6-3（b）为 SnSe$_{0.5}$S$_{0.5}$@

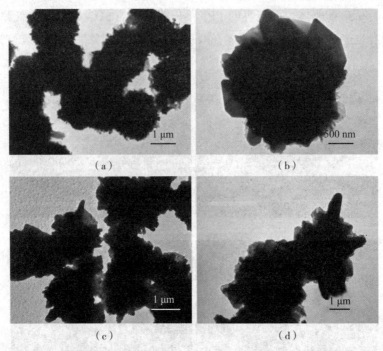

图6-2 （a）~（b）SnSe 前驱体的 TEM 图；（c）~（d）SnSe@PPy 聚合体的 TEM 图

N-C 的 SEM 图,从图中可以看到表面包覆 PPy 的 SnSe@PPy 聚合体即使经过管式炉硫化,其微观形貌仍然没有发生明显的变化,只是在粒径上发生了微小的收缩,这主要是由于在高温下前驱体中的有机物发生炭化,从而导致了 $SnSe_{0.5}S_{0.5}$@N-C 在结构上有微弱的变化。此外,从 $SnSe_{0.5}S_{0.5}$@N-C 的 SEM 图可以明显看出材料表面变得粗糙,这主要是 PPy 经过高温炭化转变为氮碳所致。图 6-3（c）和图 6-3（d）为未包覆 PPy 的 SnSe 前驱体直接高温硫化之后的 $SnSe_{0.5}S_{0.5}$ 电极材料,从图中可以看出 $SnSe_{0.5}S_{0.5}$ 材料并未保持原有的花状结构,而是表现为无序的片状结构,这主要是高温炭化过程中,SnSe 前驱体材料发生膨胀到粉化过程,导致原有的花状结构被破坏。由此可见,PPy 的包覆对 SnSe 前驱体的形貌起到了很好的结构保护作用,在进一步的硫化过程中得到具有独特结构的 $SnSe_{0.5}S_{0.5}$@N-C 微米花电极材料。图 6-4为 $SnSe_{0.5}S_{0.5}$@N-C 的 SEM 图以及相应的元素分布图。从图中可以观察到 $SnSe_{0.5}S_{0.5}$@N-C 中存在 C、N、Sn、Se、S 元素,并且各元素在样品中分布均匀,其中,N 元素主要来自 PPy。上述结果表明,通过水热-煅烧-硫化工艺法成功制备出 $SnSe_{0.5}S_{0.5}$@N-C 微米花钠离子电池电极负极材料。

图 6-3　（a）~（b）SnSe$_{0.5}$S$_{0.5}$@N-C 的 SEM 图；
（c）~（d）SnSe$_{0.5}$S$_{0.5}$ 的 SEM 图

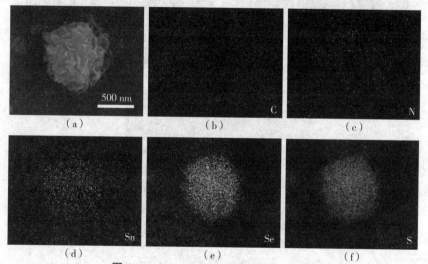

图 6-4　（a）SnSe$_{0.5}$S$_{0.5}$@N-C 的 SEM 图
和（b）C、（c）N、（d）Sn、（e）Se 和（f）S 的元素分布图

 笔者通过 TEM 对 SnSe$_{0.5}$S$_{0.5}$@ N—C 的形貌和结构进行了进一步的表征，如图 6-5(a)所示，可以看到花状的 SnSe$_{0.5}$S$_{0.5}$ 最外部明显包覆了薄薄一层碳层，并且花状结构也与 SnSe@ PPy 聚合体保持一致，因此也可说 PPy 炭化后形成的氮碳层对 SnSe$_{0.5}$S$_{0.5}$ 的微观形貌起到保护作用，从而使得 SnSe$_{0.5}$S$_{0.5}$ 即使在高温煅烧后仍然保持良好的微观结构。图 6-5(b)为 SnSe$_{0.5}$S$_{0.5}$@ N—C 的 HRTEM 图，可以观察到 SnSe$_{0.5}$S$_{0.5}$ 外面包覆一层厚度约为 12 nm 的氮碳层结构。在氮碳层内部也可以看到在 HRTEM 图其余部位具有不同的晶格条纹。其中，晶格条纹的晶面间距分别为 0.287 nm 和 0.263 nm 分别对应于 SnSe$_{0.5}$S$_{0.5}$ 的(111)晶面和(211)晶面，并且从 Se$_{0.5}$S$_{0.5}$@ N—C 其他位置的 HRTEM 图可以看到 SnSe$_{0.5}$S$_{0.5}$ 相应的晶格条纹，晶格间距为 0.287 nm 和 0.190 nm 分别对应于 SnSe$_{0.5}$S$_{0.5}$ 的(111)晶面和(112)晶面，如图 6-5(c)所示，并且从图中可以看到各个晶格条纹清晰并且存在明显的界面。以上测试结果进一步说明 SnSe$_{0.5}$S$_{0.5}$@ N—C 微米花电极材料被成功制备出来。

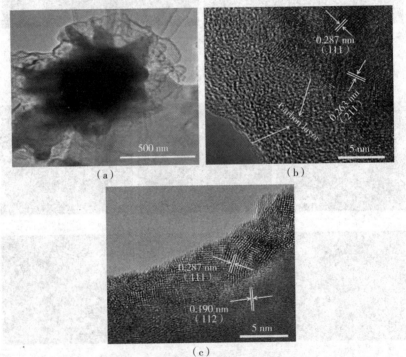

图 6-5　SnSe$_{0.5}$S$_{0.5}$@ N—C 的(a)TEM 图;(b)~(c)HRTEM 图

通过 XRD 来确定 SnSe$_{0.5}$S$_{0.5}$@N-C 和 SnSe$_{0.5}$S$_{0.5}$ 的晶体结构,结果如图 6-6 所示。SnSe$_{0.5}$S$_{0.5}$@N-C 的所有特征峰的位置符合 SnSe$_{0.5}$S$_{0.5}$ 的晶型。其中,位于 25.7°、27.1°、30.1°、31.1°、31.6°、38.5°、44.2° 和 48.0° 处的特征峰分别对应于 SnSe$_{0.5}$S$_{0.5}$ 的(201)、(210)、(011)、(111)、(400)、(311)、(411)和(302)晶面。此外,从图 6-6 可以观察到 SnSe$_{0.5}$S$_{0.5}$@N-C 的特征峰与未包覆的 SnSe$_{0.5}$S$_{0.5}$ 的特征峰位置基本一致,但是,SnSe$_{0.5}$S$_{0.5}$@N-C 的特征峰强度要低于未包覆的 SnSe$_{0.5}$S$_{0.5}$,以上结果说明含氮碳包覆对 SnSe$_{0.5}$S$_{0.5}$ 的晶体结构没有很大的影响,但是对于峰的强度有一定的影响,进一步证实了氮碳很好地包覆在 SnSe$_{0.5}$S$_{0.5}$ 表面。

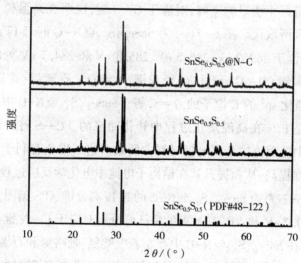

图 6-6 SnSe$_{0.5}$S$_{0.5}$@N-C 和 SnSe$_{0.5}$S$_{0.5}$ 的 XRD 谱图

为了进一步了解 SnSe$_{0.5}$S$_{0.5}$@N-C 的表面结构和组分情况,笔者对其进行了 XPS 测试。图 6-7(a)为 SnSe$_{0.5}$S$_{0.5}$@N-C 的 XPS 全谱,从图中可以清晰地看到 SnSe$_{0.5}$S$_{0.5}$@N-C 仅含有 C、N、Sn、Se、S 和 O 元素,且无其他杂质,这与材料的 EDS 元素分布分析是一致的。此外,从 SnSe$_{0.5}$S$_{0.5}$@N-C 的 Sn 3d 高分辨 XPS 谱图中可以观察到两对较宽的特征峰分别对应于 Sn^{2+} 的两种形态,其中结合能位于 493.3 eV 和 484.9 eV 处的特征峰分别归属于 Sn 3d$_{3/2}$ 和 Sn 3d$_{5/2}$,且对应于 Sn—Se 键;另外一对特征峰的结合能位于 491.9 eV 和 483.5 eV,对应于的 Sn—S 键,如图 6-7(b)所示。一般来说,Sn 元素一般以最高价态(四价)稳定存在于环境中。但是,在 SnSe$_{0.5}$S$_{0.5}$@N-C

中的 Sn 却以二价形式存在,这主要归因于在合成过程中四价 Sn 被还原剂抗坏血酸还原为二价 Sn,从而在钠离子电池电化学反应中提供了更多的氧化还原电位,为电池的能量密度和功率密度的提升做出极大贡献。图 6-7(c)为 $SnSe_{0.5}S_{0.5}$@N-C 的 Se 3d 高分辨 XPS 谱图,结合能位于 53.7 eV 和 54.5 eV 处的特征峰分别对应于 Se $3d_{5/2}$ 和 Se $3d_{3/2}$。此外,在结合能位于 55.5 eV 处具有一个明显的特征峰,对应于 Se—O 键,这主要是硫硒化锡在放置过程中材料表面部分发生氧化所致。$SnSe_{0.5}S_{0.5}$@N-C 的 S 2p 高分辨 XPS 谱图如图 6-7(d)所示,结合能位于 166.1 eV、165.1 eV 和 161.1 eV 三处的特征峰分别对应于 $2p_{1/2}$、$2p_1$ 和 $2p_{3/2}$,除此之外,在结合能位于 164.4 eV 处有一个明显的宽峰,对应于 C—S 键,说明在高温硫化过程中 C 元素被 S 元素所取代。图 6-7(e)为 $SnSe_{0.5}S_{0.5}$@N-C 的 C 1s 高分辨 XPS 谱图,结合能位于 289.0 eV、286.5 eV、285.8 eV 和 284.7 eV 处的特征峰分别对应于碳氧键(O—C═O)、碳氧双键(C═O)、碳硫键/碳氮键(C—S/C—N)和石墨化 sp^2 的 C 原子的 C═C 键。$SnSe_{0.5}S_{0.5}$@N-C 中的 C═C 键的形成主要是 PPy 在高温炭化过程中转化而来的。C—S 键的形成主要是在硫化过程中硫蒸汽掺杂到电极材料中所致。这一现象有利于电极材料电导率的大幅度提高,从而提升其在钠离子电池中电化学反应过程中的传质传荷能力。图 6-7(f)为 $SnSe_{0.5}S_{0.5}$@N-C 的 N 1s 高分辨 XPS 谱图,结合能位于 398.4 eV、400.2 eV 和 401.0 eV 处的特征峰分别对应于 C—N 键、C═N 键和四元氮,表明在 $SnSe_{0.5}S_{0.5}$@N-C 中存在着吡啶氮、吡咯氮和石墨氮。根据文献报道,吡咯氮的存在能有效提高电极材料的储钠能力;石墨氮的存在能大幅度提升材料的导电能力,从而从本质上提高电极材料的电化学性能。

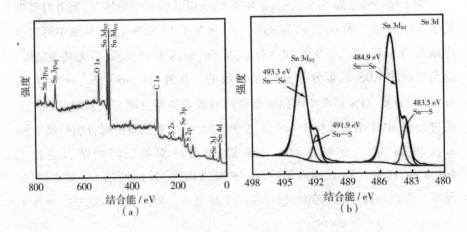

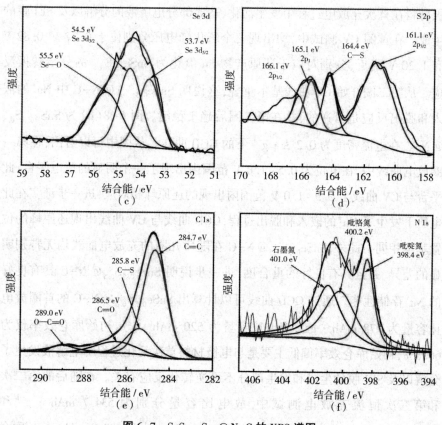

图 6-7　$SnSe_{0.5}S_{0.5}$@N-C 的 XPS 谱图

(a)全谱;(b) Sn 3d;(c)Se 3d;(d) S 2p;(e)C 1s;(f)N 1s

6.2.2　$SnSe_{0.5}S_{0.5}$@N-C 的储钠性能分析

本章所涉及的电极材料的钠离子电池电化学性能测试是通过组装 2032 型半电池完成的,其中 $SnSe_{0.5}S_{0.5}$@N-C 作为钠离子电池的负极材料,金属钠片作为钠离子电池的正极材料。图 6-8(a) 为 $SnSe_{0.5}S_{0.5}$@N-C 前 3 圈的 CV 曲线,其中 CV 测试的电压范围为 0.01~3.00 V。从图中可以观察到在首圈 CV 测试中,位于 1.62 V 附近出现了一个相对较弱的还原峰,此外,在 0.5 V 处出现了一个较宽的还原峰。但是在后续的第二圈和第三圈 CV 测试中,并未在这两个位置处出现相应的还原峰,造成这个差异的主要原因是电极材料在首次充放电过程中发生活化，造成部分电解液的分解以及 SEI 膜的生成。在首圈 CV 测试中，均出现三个氧化峰电压分别位于 0.37 V、0.82 V 和 1.20 V 附近，分别对应于还原产物 Sn 氧化为 $SnSe_{0.5}S_{0.5}$ 的分步转换反应。从第二圈开始 CV 曲线基本重叠，这说明 $SnSe_{0.5}S_{0.5}$@N-C 中 Na^+ 的嵌入和脱出反应是可逆的，并在第二圈后趋于稳定。图 6-8(b) 为 $SnSe_{0.5}S_{0.5}$@N-C 在电流密度为 $0.2\ A\cdot g^{-1}$ 下的 GCD 曲线。从图中可以看出，在第一圈放电曲线中，在电位为 0.5~1.0 V 范围内出现了一个明显的放电平台，此平台与 CV 曲线上 0.5~1.0 V 范围内出现的还原峰相对应，进一步证实在此电压下发生了 Na^+ 的嵌入和脱出过程，GCD 曲线与 CV 曲线出现还原峰的位置基本相同。此外，$SnSe_{0.5}S_{0.5}$@N-C 在随后几圈的充放电曲线均无特别明显的差异，并且具有良好的重合度，进一步说明 $SnSe_{0.5}S_{0.5}$@N-C 具有良好的 Na^+ 存储性能。通过 GCD 曲线可以计算出 $SnSe_{0.5}S_{0.5}$@N-C 的首圈放电比容量为 $778\ mAh\cdot g^{-1}$，充电比容量为 $520\ mAh\cdot g^{-1}$，初始库仑效率仅为 66.8%，初始库仑效率偏低主要是与电极材料首次活化过程中电解液发生了分解以及 SEI 膜的生成和发生部分不可逆转化反应有关。在随后的第二次和第三次恒流充放电测试中，放电比容量分别为 $534.7\ mAh\cdot g^{-1}$ 和 $532.1\ mAh\cdot g^{-1}$，充电比容量分别为 $511.0\ mAh\cdot g^{-1}$ 和 $509.0\ mAh\cdot g^{-1}$，库仑效率高达 95.5% 和 95.6%，说明 $SnSe_{0.5}S_{0.5}$@N-C 具有很好的循环可逆性。

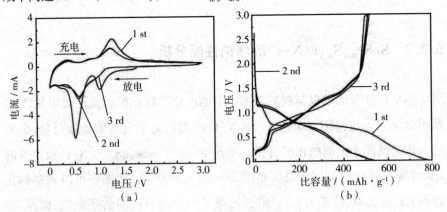

图 6-8　(a)$SnSe_{0.5}S_{0.5}$@N-C 前 3 圈的 CV 曲线；

(b)$SnSe_{0.5}S_{0.5}$@N-C 在电流密度为 $0.1\ A\cdot g^{-1}$ 下前 3 圈的 GCD

为了研究 $SnSe_{0.5}S_{0.5}$@N-C 的储钠特性,在相同的条件下,笔者将 SnSe 和 $SnSe_{0.5}S_{0.5}$ 作为对比样品进行储钠性能测试。笔者分别对 $SnSe_{0.5}S_{0.5}$@ N-C、$SnSe_{0.5}S_{0.5}$ 和 SnSe 进行了倍率性能测试,结果如图 6-9(a)所示。在电流密度为 $0.1\ A \cdot ^{-1}$、$0.2\ A \cdot g^{-1}$、$0.5\ A \cdot g^{-1}$、$1.0\ A \cdot g^{-1}$、$2.0\ A \cdot g^{-1}$ 和 $5.0\ A \cdot g^{-1}$ 时,$SnSe_{0.5}S_{0.5}$@N-C 的可逆比容量分别为 $534.3\ mAh \cdot g^{-1}$、$479.5\ mAh \cdot g^{-1}$、$415.6\ mAh \cdot g^{-1}$、$353.4\ mAh \cdot g^{-1}$、$303.5\ mAh \cdot g^{-1}$ 和 $235.0\ mAh \cdot g^{-1}$,当电流密度再次恢复到 $0.1\ A \cdot g^{-1}$ 时,$SnSe_{0.5}S_{0.5}$@N-C 可提供高达 $503.8\ mAh \cdot g^{-1}$ 的可逆比容量,并且库仑效率高达 94.19%。而当 $SnSn_{0.5}S_{0.5}$ 和 SnSe 的电流密度再次由 $5.0\ A \cdot g^{-1}$ 恢复到 $0.1\ A \cdot g^{-1}$ 时,其比容量不再恢复,由此说明本章所合成的 $SnSe_{0.5}S_{0.5}$@N-C 具有良好的循环可逆性和倍率性能。图 6-9(b)为 $SnSe_{0.5}S_{0.5}$@N-C 与已报道的 SnSe 基钠离子电池电极材料电化学性能的对比图,从图中可以观察到 $SnSe_{0.5}S_{0.5}$@N-C 与已报道的 SnSe 基复合材料相比,在比容量和倍率特性方面均具有明显的优势。最后,笔者研究了 $SnSe_{0.5}S_{0.5}$@N-C、$SnSn_{0.5}S_{0.5}$ 和 SnSe 在电流密度为 $0.2\ A \cdot g^{-1}$ 下的循环稳定性,如图 6-9(c)所示。在恒流充放电循环 100 次后,$SnSe_{0.5}S_{0.5}$@N-C 的可逆比容量仍然高达 $430.7\ mAh \cdot g^{-1}$,而 $SnSe_{0.5}S_{0.5}$ 和 SnSe 在循环 100 次后的可逆比容量仅为 $178.3\ mAh \cdot g^{-1}$ 和 $115.5\ mAh \cdot g^{-1}$。这一结果充分说明了 $SnSe_{0.5}S_{0.5}$@N-C 独特的微观结构、杂原子的掺杂、含氮碳包覆的保护作用以及和 SnSe/SnS 异质结构赋予其优异的电化学循环性能与倍率性能,为钠离子电池负极材料的制备提供了有效的合成方法。

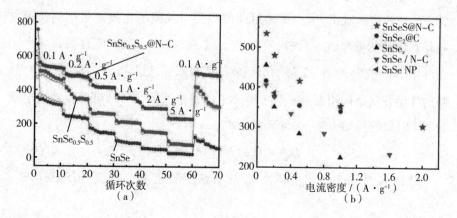

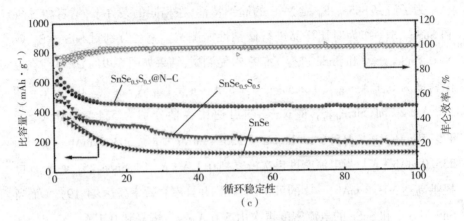

（c）

图 6-9 SnSe、SnSe$_{0.5}$S$_{0.5}$ 和 SnSe$_{0.5}$S$_{0.5}$@ N-C 的电化学性能

（a）倍率性能图；（b）SnSe 基电极材料电化学性能对比图；

（c）在电流密度为 0.2 A·g^{-1} 下的循环稳定性性能图

电子材料的导电性和离子传导率对提升电极材料的储钠特性具有非常重要的意义。因此，笔者对 SnSe、SnSe$_{0.5}$S$_{0.5}$ 和 SnSe$_{0.5}$S$_{0.5}$@ N-C 进行了 EIS 的测试。从图 6-10(a) 可以看出，所制备的电极材料的 Nyquist 曲线均由高频区半圆和低频区斜线共同组成。其中，电解液和电极之间的电荷传输电阻由半圆半径的大小决定（半径越小说明电极的电荷传输电阻越小）；斜线的斜率则代表相位元件（斜率越大说明电极具有越低的扩散限制）。由图可看出，在高频区 SnSe$_{0.5}$S$_{0.5}$@ N-C 的半圆直径明显小于 SnSe$_{0.5}$S$_{0.5}$ 和 SnSe，并且通过拟合计算得到 SnSe$_{0.5}$S$_{0.5}$@ N-C 对应的电荷传输电阻（113 Ω）低于 SnSe$_{0.5}$S$_{0.5}$（150 Ω）和 SnSe（188 Ω），低的电荷传输电阻有利于充放电过程中钠离子快速嵌入脱出，这主要是氮碳的包覆以及硫硒化锡异质结构使得材料具有优异的导电性。此外，在低频区域 SnSe$_{0.5}$S$_{0.5}$@ N-C 直线斜率大于 SnSe 和 SnSe$_{0.5}$S$_{0.5}$@ N-C，显示出较低的扩散限制，这与 SnSe$_{0.5}$S$_{0.5}$@ N-C 独特的片层花状结构相关。一般来说，Na$^+$ 的扩散系数（D_{Na^+}）可以反映出电极材料 EIS 低频的动力学，这与下列公式 6-1 有关：

$$D_{Na^+} = 0.5(RT/AF^2C\sigma)^2 \tag{6-1}$$

结果表明，SnSe$_{0.5}$S$_{0.5}$@ N-C 的 Na$^+$ 扩散速率要远高于 SnSe$_{0.5}$S$_{0.5}$

和 SnSe, 这主要是 $SnSe_{0.5}S_{0.5}$@N-C 的片层组装的花状微球结构、硫硒化锡异质结构和氮碳层的包覆导致电极材料产生快速的电子和离子迁移。

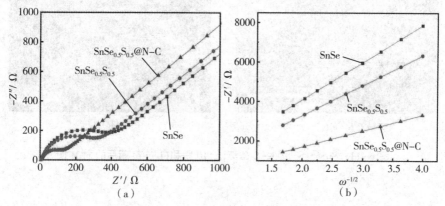

图 6-10　$SnSe$、$SnSe_{0.5}S_{0.5}$ 和 $SnSe_{0.5}S_{0.5}$@N-C 的 (a) Nyquist 图和 (b) 钠离子传导率图

　　结构稳定性同样也是评价电极材料实际应用的重要因素之一。因此, 笔者对 $SnSe_{0.5}S_{0.5}$@N-C 在 0.2 A·g^{-1} 的电流密度下进行恒流充放电循环, 并对循环后的电极材料进行了 SEM 测试。图 6-11(a) 为 $SnSe_{0.5}S_{0.5}$@N-C 在电流密度为 0.2 A·g^{-1} 下恒流充放电 10 圈后的 SEM 图。从图中可以观察到电极材料的微观结构基本没有发生变化, 仍然显现出片层组装的微米花结构。一般来说, 在较长的充放电循环过程中, 电极材料会发生部分粉化, 从而影响电极的循环稳定性。图 6-11(b) 为 $SnSe_{0.5}S_{0.5}$@N-C 在电流密度为 0.2 A·g^{-1} 下恒流充放电 100 圈后的 SEM 图, 从图中可以观察到电极材料在循环 100 次之后结构虽然有微小的变化但仍能保持良好的微观结构, 进一步说明 $SnSe_{0.5}S_{0.5}$@N-C 具有较好的结构稳定性, 这主要是氮碳层的包覆使其在长时间循环过程抑制了 $SnSe_{0.5}S_{0.5}$ 的体积膨胀, 进而保护了电极材料的内部结构。此外, 氮碳的高导电性增加了电极材料的电导率, 从本质上促使 Na^+ 快速扩散, 并在充放电过程中缓解了体积膨胀, 进一步说明 $SnSe_{0.5}S_{0.5}$@N-C 具有一定的稳定性。

（a）   （b）

图 6-11　$SnSe_{0.5}S_{0.5}@N-C$ 循环（a）10 圈和（b）100 圈后的 SEM 图

6.3　本章小结

　　在本章中，笔者通过水热-煅烧-硫化工艺法成功合成出 $SnSe_{0.5}S_{0.5}@$
$N-C$ 钠离子电池负极材料。通过此方法合成的 $SnSe_{0.5}S_{0.5}@N-C$ 具有高导
电性、$SnSe/SnS$ 异质结和独特的微观结构。当其作为钠离子电池负极材料
时表现出优异的电化学性能：在电流密度为 $0.2\ A\cdot g^{-1}$ 下，$SnSe_{0.5}S_{0.5}@N-C$
初始放电比容量为 $746.0\ mAh\cdot g^{-1}$，即使电流密度为 $5.0\ A\cdot g^{-1}$ 时，其比容
量仍可达到 $235.1\ mAh\cdot g^{-1}$，并且在电流密度为 $0.2\ A\cdot g^{-1}$ 下循环 100 圈
之后可逆比容量仍然高达 $430.7\ mAh\cdot g^{-1}$。$SnSe_{0.5}S_{0.5}@N-C$ 优异的储钠
性能主要归功于 $SnSe$ 和 SnS 异质结构的协同作用和氮碳层包覆的保护作
用。因此说，本章合成的 $SnSe_{0.5}S_{0.5}@N-C$ 凭借其简单可行的制备方法、高
比容量、优良的倍率性能和高循环稳定性等特点为钠离子电池负极材料应
用领域的研究提供了广阔的应用前景。

第7章 MOF-Co 衍生的 CoSeS@MXene 复合电极材料的可控制备及其储钠特性研究

7.1 引　　言

在众多新型可再生能源存储设备中,锂离子电池凭借其可观的比容量、高功率密度($100\sim265$ Wh·kg^{-1})和高循环稳定性等特点,已在各种便携式电子设备、混合动力汽车中有着广泛的应用,甚至给电动汽车行业带来了广阔的应用前景。但是,地球中锂资源的存储量并不丰富,而且锂元素在地球中的分布也极不均匀,进而导致金属锂的价格急剧升高。此外,锂离子电池较低的倍率性能和大电流下热稳定性较差的缺点也为其在电动汽车、电网等大型储能领域上的发展增加了阻碍。

与锂离子相比,钠离子的半径过大,从而使其在电极材料脱嵌过程中严重破坏材料结构,导致钠离子电池循环稳定性差。因此,研发有利于钠离子脱嵌的电极材料是钠离子电池性能提升的关键因素之一。在目前研究的钠离子电池负极材料中,过渡金属硒化物($MoSe_2$、$CoSe_2$、$FeSe_2$ 和 $ZnSe$ 等)由于具有较高的导电性、安全性、理论比容量被广泛应用于储能领域。其中,钴基硒化物与其他过渡金属硒化物相比,拥有更弱的离子键和更大的脱出嵌入间距,因此被认为是钠离子电池中最具前途的负极材料之一。然而在钠离子嵌入和脱出的过程中,由于其离子和电子电导率不理想,导致硒化钴表现出平庸的比容量。为了克服以上缺点,研究工作者通过大量试验发现将 CoSe 和 CoS 进行异质结构的设计可以将两种钴基化合物有效结合发挥协同作用,从本质上提高钠离子电池电极材料的电化学性能。

在众多导电载体中，Mxene 是一种二维片层结构的金属碳化物/碳氮化物，主要来源于选择性刻蚀 MAX 相中的 Al 元素。Mxene 具有较好的导电性、亲水性表面和良好的机械稳定性，可以实现高电子速率的钠离子存储，是极具前途的钠离子电池负极材料。

在本章中，笔者首先对 MAX 相中的 Al 元素进行刻蚀，形成二维的 MXene 纳米片导电载体，其次通过液相沉淀法将 MOF-Co 均匀原位生长在 MXene 纳米片层表面得到 MOF-Co@ MXene 前驱体，随后将 MOF-Co@ MXene 前驱体通过低温硫化和硒化热处理得到 MOF-Co 衍生的 CoSeS@ MXene 复合电极材料。通过这种方法，笔者所制备的 CoSeS@ MXene 复合电极材料具有独特的二维片层结构和 CoSe 与 CoS 异质结结构。其中，二维 MXene 的引入在提高材料导电性的同时使 CoSeS 均匀分散，有效提高了材料的传质传荷能力并缓解了充放电过程中 CoSeS 的聚集问题，最终使 CoSeS@ MXene 复合电极材料表现出优异的钠离子电池电化学性能，进一步说明了 CoSe 与 CoS 异质结以及 MXene 之间存在多种界面的协同作用，可有效改善钠离子在电化学反应中的脱嵌，从本质上提升电极材料的储钠特性。

7.2　结果和讨论

7.2.1　CoSeS@ MXene 的形貌与结构

在本章中，笔者通过原位液相沉淀-硫-硒化热解法合成了 MOF-Co 衍生的 CoSeS@ MXene 复合钠离子电池电极材料，其合成示意图如图 7-1 所示。其中，步骤 1 为 MOF-Co@ MXene 前驱体的合成过程。首先，以剥离好的 MXene 粉末为导电载体，将其溶解在甲醇溶液中，并加入钴源超声搅拌得到均一的悬浮溶液。随后向上述溶液中加入含有配体 2-甲基咪唑甲醇溶液，充分搅拌并超声均匀后，在室温的环境下陈化 24 h，得到 MOF-Co@ MXene 前驱体。步骤 2 为硫-硒化热解过程，将 MOF-Co@ MXene 前驱体分别于硫粉和硒粉存在氢氩混合气氛保护下进行低温煅烧，得到 MOF-Co 衍生的 CoSeS@ MXene 复合电极材料。

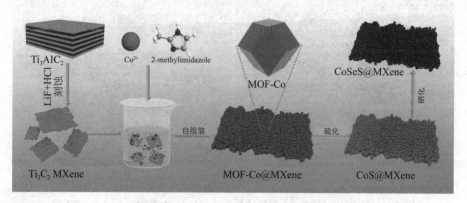

图 7-1　CoSeS@ MXene 的合成示意图

　　首先,笔者用 SEM 和 TEM 对 MOF-Co@ MXene 前驱体的形貌和结构进行了表征。图 7-2(a)和图 7-2(b)为 MOF-Co@ MXene 前驱体的 SEM图,从图中可以看到在 MXene 超薄片层表面原位生长了大小均一的 MOF-Co 纳米粒子,并且这些 MOF-Co 纳米粒子将 MXene 表面均匀覆盖。在MOF-Co@ MXene 前驱体中,MXene 载体的加入有效避免了 MOF-Co 纳米粒子的聚集,提高了材料的比表面积,并且暴露出更多的电化学活性位,从而提升了材料的本征电化学性能。此外,从 MOF-Co@ MXene 前驱体的TEM 图也可看出大小均匀的纳米粒子将二维纳米片 MXene 均匀包覆,纳米颗粒大约为 50 nm,这与 SEM 的分析结果是一致的,如图 7-2(c)和图7-2(d)所示。

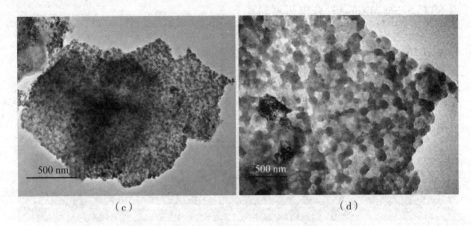

（c）   （d）

图 7-2   MOF-Co@ MXene 前驱体的（a）~（b）SEM 图和（c）~（d）TEM 图

随后,笔者对 MOF-Co@ MXene 前驱体进行了硫-硒化热处理得到目标产物 CoSeS@ MXene。图 7-3（a）和 7-3（b）为 CoSeS@ MXene 的 SEM 图。从图中可以看到 CoSeS 纳米粒子将 MXene 纳米片均匀地包覆起来,呈现出三明治夹层结构。但是,与 MOF-Co@ MXene 前驱体的结构相比,MXene 表面的纳米粒子之间存在着一定的间隙,并且纳米粒子的直径由原来的 50 nm 变为 20 nm 左右,这主要是由于在硫-硒化热处理的过程中,MOF-Co 纳米粒子中的有机骨架在高温下发生热分解。从总体上看,CoSeS@ MXene 的整体形貌与 MOF-Co@ MXene 前驱体并没有明显的差异,这也证明了硫-硒化热处理过程并不会对复合电极材料的整体形貌造成明显破坏。图 7-3（c）和 7-3（d）为 CoSeS@ MXene 的 TEM 图,从图中也可以看出直径大约为 20 nm 的 CoSeS 纳米粒子原位生长在 MXene 纳米片层的表面。CoSeS@ MXene 的 HRTEM 图进一步说明 CoSeS 纳米粒子与层状的 MXene 材料很好地复合在一起,如图 7-3（e）所示。此外,从 HRTEM 图中可以看到两种不同的晶格间距,晶格条纹分别为 0.120 nm 和 0.254 nm,分别对应于 CoSe 的（233）晶面和 CoS 的（101）晶面,并且这两种晶格条纹出现明显的异质界面,表明形成了 CoSe 与 CoS 异质结构。最后,从 CoSeS@ MXene 的 EDS 图中可以观察到 Co、Se、S、C、N 和 Ti 元素均匀地分布在复合电极材料中,从而进一步证实了笔者成功制备出了 CoSeS@ MXene。

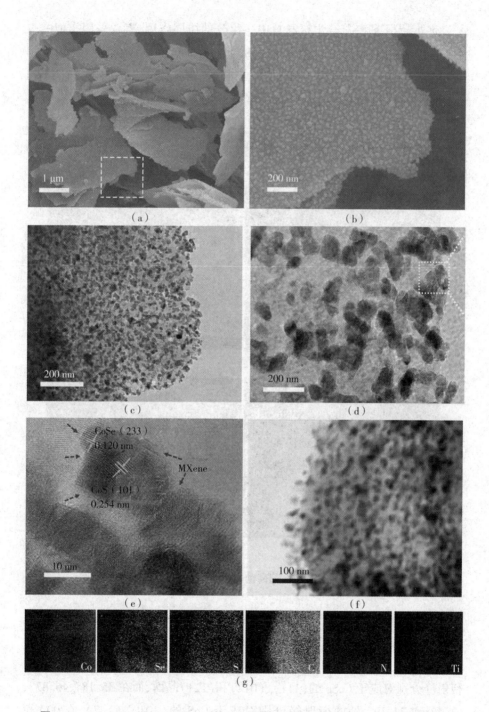

图 7-3　(a)～(b) CoSeS@ MXene 的 SEM 图;(c)～(d) CoSeS@ MXene 的 TEM 图;
(e) CoSeS@ MXene 的 HRTEM 图;(f) CoSeS@ MXene 的 TEM 和(g) EDS 图

　　此外,为了研究复合电极材料中各组分的协同作用,笔者采用类似的方法制备了 MXene 超薄纳米片和 CoSeS 十二面体单一电极材料。从图 7-4 (a)和图 7-4(b)可以看出,MXene 为二维纳米薄片,厚度约为 1 nm。图 7-4 (c)和图 7-4(d)为 CoSeS 十二面体的 SEM 图,可以看到 CoSeS 保持了 ZIF-67 的十二面体结构,并且大小相对均一,粒径约为 1 μm。由此可见,MXene 的引入使 MOF-Co 的形貌发生了改变,有效提升了复合电极材料的本征储钠性能。

图 7-4 （a）～(b)MXene 超薄纳米片和(c)～(d)CoSeS 的 SEM 图

　　为了进一步确定硫-硒化热处理以后,MOF-Co@MXene 前驱体确实可以成功转化为 CoSeS@MXene,笔者对硫-硒化热处理的样品进行了 XRD 测试。图 7-5 为 CoSeS@MXene 的 XRD 谱图,在 34.74°、36.34°和 47.83°处的衍射峰分别对应于 CoSe 的(111)、(012)和(121)晶面,而在 35.18°、46.87°、63.42°和 74.39° 处的衍射峰分别对应于 CoS 的(101)、(102)、(200)和(202)晶面。此外,笔者还看到复合材料在 4.5°左右出现了一个不归属于

CoSe 和 CoS 的衍射峰,为 MXene 超薄纳米片的衍射峰,表明 CoSeS@ MXene 中有 MXene 的存在。综上所述,从 CoSeS@ MXene 的 XRD 谱图来看,可以进一步证实硫-硒化热处理后,MOF-Co@ MXene 前驱体成功转化为 CoSeS@ MXene。

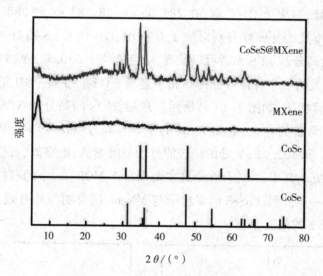

图 7-5　CoSeS@ MXene 和 MXene 超薄纳米片的 XRD 谱图

为了进一步确定复合电极材料的表面组成和电子结构,笔者同时对 CoSeS@ MXene 材料进行了 XPS 测试,如图 7-6 所示。图 7-6(a) 为 CoSeS@ MXene 的 XPS 全谱,从图中可以观察到 CoSeS@ MXene 中有 Co、Se、S、C、Ti、O 和 N 元素的存在,这与 EDS 的分析结果是一致的。图 7-6(b) 为 Co 2p 的高分辨 XPS 谱图,可以被分解为三对特征峰,结合能在 777.9 eV 和 792.9 eV 处的特征峰对应于 Co^{3+} 物种的 Co $2p_{3/2}$ 和 $Co2p_{1/2}$;结合能在 780.2 eV 和 796.2 eV 处的特征峰对应于 Co^{2+} 物种的 Co $2p_{3/2}$ 和 Co $2p_{1/2}$,而结合能在 789.4 eV 和 806.7 eV 处的特征峰为 Co 物种的卫星峰,以上结果证实了在 CoSeS@ MXene 中 Co 是以混合价态(二价和三价)的形式出现的。图 7-6(c) 为 Se 3d 的高分辨 XPS 谱图,从图可以观察到五个特征峰,其结合能位于 54.33 eV 和 55.12 eV 处的特征峰归属于 Se $3d_{5/2}$ 和 Se $3d_{3/2}$,位于 58.52 eV 和 59.63 eV 处的特征峰归属于 Co—Se 键,位于 61.43 eV 处的特征峰对应于 Se—O 键。此外,从图 7-6(d) 中可以发现 S 2p 和 Se 2p 谱图出现了部分重叠,表明了 CoSeS@ MXene 中存在 CoSe 和 CoS 的异质结构。Ti

2p 的高分辨 XPS 光谱如图 7-6(e) 所示，结合能位于 457.8 eV 和 463.6 eV
处的特征峰对应于 Ti$_3$C$_2$ MXene 中 Ti^{3+}的 Ti 2p$_{3/2}$ 和 Ti 2p$_{1/2}$，而 458.7 eV 和
464.4 eV 处的特征峰归属于 Ti—O 键。图 7-6(f) 为 CoSeS@MXene 的 C 1s
的高分辨 XPS 谱图，从图中可以观察到 C 1s 峰的结合能在 284.44 eV 处
有一个主峰，对应于 C—C 键；在 285.06 eV、285.83 eV 和 288.8 eV 处有
三个强度不高的特征峰分别对应于 C—OH、C═O、C—S 和 O—C═O 键。
由 O 1s 的高分辨 XPS 光谱可以发现，结合能位于 530.52 eV、531.2 eV 和
533.6 eV 处的三个特征峰分别归属于金属—O 键、金属—OH 键和表面残
留的含氧官能团，如图 7-6(g) 所示。最后，N 1s 的高分辨 XPS 谱图可以
观察到 N 元素的存在，如图 7-6(h) 所示。位于 398.19 eV、399.02 eV、
400.74 eV 和 402.92 eV 处的结合能分别与吡啶氮、吡咯氮、石墨氮以及氧
化氮相对应。其中，N 的存在形式主要来自于 MOF-Co 中的有机配体。以
上结果进一步说明，CoSeS 纳米粒子与 MXene 超薄纳米片有效复合，从而
产生 1+1>2 的效能。

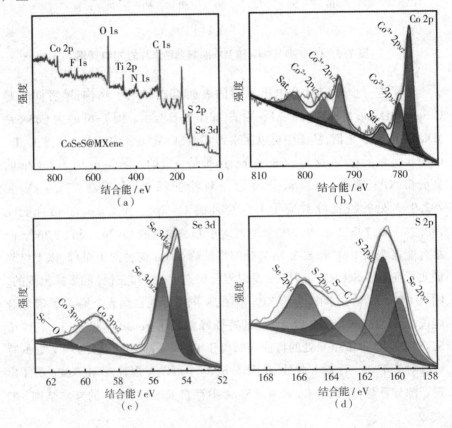

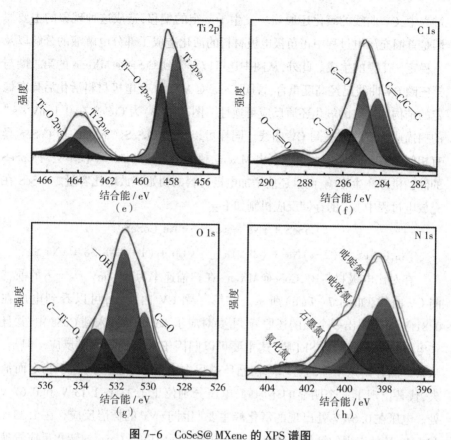

图 7-6　CoSeS@ MXene 的 XPS 谱图

（a）全谱；（b）Co 2p；（c）Se 3d；（d）S 2p；（e）Ti 2p；（f）C 1s；（g）O 1s；（h）N 1s

7.2.2　CoSeS@MXene 的储钠性能分析

笔者首先对 CoSeS@ MXene 进行了 CV 的测试。此外,为了更好地了解 CoSeS@ MXene 中各组分的效应,笔者同时也在此测试条件下对 CoSeS、CoSe@ MXene 和 CoS@ MXene 进行了 CV 测试。图 7-7(a)为 CoSeS@ MXene 在扫描速率为 $0.1\ mV \cdot s^{-1}$ 下前三圈的 CV 曲线,其工作电压窗口为 0.1~3.0 V。从图中可以观察到在首圈 CV 曲线还原反应嵌钠过程中电压在 0.42~0.73 V 处出现明显的还原峰,这两处还原峰的出现是因为 Na^+ 从正极脱出嵌入到负极材料中发生电化学反应,从而置换出金属 Co 形成 NaS 和 NaSe;而在 1.76 V 处出现的氧化峰则代表 Na^+ 从负极脱出返回到正极电极材料中。在接下来的循环过程中,CV 曲线的氧化还原峰均发生了一定的偏移,造成这种现象的主要原因是首圈充放电过程中正负极电极材料的活化造成了部分电解液的分解以及不稳定 SEI 膜的生成。此外,从图中还可以观察到 CoSeS@ MXene 的第二圈与第三圈 CV 曲线已经高度重合,说明 CoSeS@ MXene 在电极材料活化后具有稳定的结构和良好的氧化还原反应可逆性。图 7-7(b) 为 CoSeS 在 0.1 mV · s^{-1} 的扫描速率下的前三圈 CV 曲线。同样可以看出 CoSeS@ MXene 与 CoSeS 具有相似的 CV 曲线,因此可判断出 MXene 超薄纳米片的加入不仅不会对 CoSeS 的储钠机理产生影响,而且还能增加电极材料的初始充放电比容量。CoSeS 在充放电过程中 Na$^+$ 的存储反应机制如下:

$$CoSeS + xNa^+ + xe^- \longrightarrow Na_xCoSeS$$

$$Na_xCoSeS + (2-x)Na^+ + (2-x)e^- \longrightarrow Co + (1-x)Na_2Se + xNa_2S$$

在对比电极材料中,CoSe@ MXene 在扫描速率为 0.1 mV · s^{-1} 下的前三圈 CV 曲线,如图 7-7(c) 所示。在第一圈 CV 曲线中,可以看到电压在 0.81 V 处展现出一个强的还原峰,主要对应于 Na$^+$ 开始嵌入到 CoSe 中,并且在电极材料表面形成 SEI 膜,这主要可以归因于初始的不可逆反应。但是,从第二圈开始这个强的还原峰在循环过程中由于 SEI 膜形成趋于稳定而消失,代替出现了三个明显的还原峰,电压分别位于 1.33 V、1.13 V 和 0.67 V 处。电压在 0.67 V 处出现的氧化峰主要归因于 Na$^+$ 的插层反应。在 1.33 V 和 1.13 V 处出现的氧化峰对应于 Na$^+$ 的嵌入反应以及 CoSe 的转化反应置换出金属 Co 和 Na$_2$Se 过程。因此,上述反应机理可以对应于下述反应方程式:

$$xNa^+ + CoSe \longrightarrow Na_xCoSe$$

$$Na_xCoSe + (2-x)Na^+ \longrightarrow CoSe + Na_2Se$$

$$CoSe + 2Na^+ \longrightarrow Na_2Se + Co$$

图 7-7(d) 为 CoS@ MXene 在扫描速率为 0.1 mV · s^{-1} 下的前三圈 CV 曲线。如图所示,在 CV 曲线首圈还原反应 Na$^+$ 嵌入过程中,电压在 0.45 V 处出现一个较强的还原峰,但是在后期循环过程中这一强还原峰逐渐消失,这种现象的主要原因同样是在初始循环过程中电极材料的活化造成部分电解液的分解以及 SEI 膜的形成趋于稳定。在电压为 0.45 V 和 0.7 V 左右出现两个明显的还原峰,分别对应与 Na$^+$ 嵌入到晶格结构以及随后的 Na$_2$S 和 Co 之间的置换反应。此外,从第 2 圈到第 3 圈整个 CV 曲线高度重合,表明 CoS@ MXene 在 CV 循环过程结构的稳定性和氧化还原反应的高度可逆性。

综上所述,CoS@ MXene 电化学反应机理可以对应于下述反应方程式:

$$xNa^+ + CoS \longrightarrow Na_xCoS$$

$$Na_xCoS + (2-x)Na^+ \longrightarrow CoS + Na_2S$$

$$CoS + 2Na^+ \longrightarrow Na_2S + Co$$

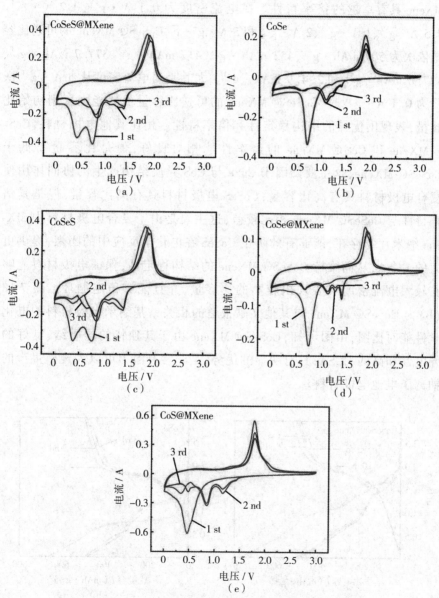

图 7-7　(a) CoSeS@ MXene、(b) CoSe、(c) CoSeS、(d) CoSe@ MXene
和(e) CoS@ MXene 在扫描速率为 0.1 mV·s⁻¹ 下前三圈的 CV 曲线

为进一步验证 CoSeS@ MXene 优异的储钠特性，笔者对所制备的电极材料进行了倍率性能和循环稳定性测试。图 7-8（a）为 CoSeS@ MXene 与对比电极材料 CoSeS、CoSe@ MXene 和 CoS@ MXene 的充放电比容量与倍率的关系图。从图中可以看出，将 CoSeS 与 MXene 复合以后，CoSeS@ MXene 具有卓越的倍率特性。在电流密度为 0.1 A·g^{-1}、0.2 A·g^{-1}、0.5 A·g^{-1}、1 A·g^{-1}、2 A·g^{-1} 和 5 A·g^{-1} 下，CoSeS@ MXene 的可逆比容量依次为 507 mAh·g^{-1}、453 mAh·g^{-1}、417 mAh·g^{-1}、377.7 mAh·g^{-1}、327.8 mAh·g^{-1} 和 294.9 mAh·g^{-1}。尤其是当电流密度从 5 A·g^{-1} 恢复为 0.1 A·g^{-1} 时，CoSeS@ MXene 的可逆比容量仍然能恢复到初始比容量，表现出优异的结构稳定性和倍率特性。相比其他电极材料，CoSe@ MXene 和 CoS@ MXene 的倍率性能相对良好，但是比容量要低于 CoSeS@ MXene，这主要归因于 CoSe 与 CoS 异质结构产生的协同作用使复合电极材料具有高比容量；CoSeS 电极材料具有高比容量，但是其倍率特性与 CoSeS@ MXene 相比较差，这主要是由于复合电极材料中 MXene 纳米片的存在，能够有效防止 CoSeS 在电化学反应中的团聚，提供更大的 ECSA，从而维持 CoSeS@ MXene 的结构稳定性，保证电极材料能够在较大电流密度下表现出较高的比容量，并且能够稳定循环。图 7-8（b）为 CoSeS@ MXene 与其他文献报道的相关钴基纳米电极材料的电化学性能对比图，由图可知，CoSeS@ MXene 由于其独特的异质结、良好的导电性和高的 ECSA，具有明显的优势，是非常有潜力可以大规模生产的钠离子电池电极材料。

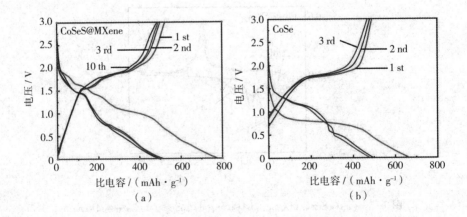

（a）　　　　　　　　　　　　（b）

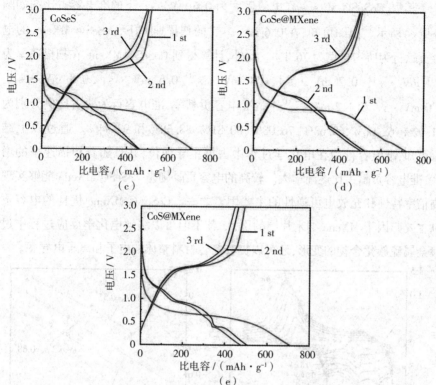

图 7-8 （a）CoSeS@ MXene 在电流密度为 0.1 A·g^{-1} 下前三圈和第十圈的 GCD 曲线；

（b）CoSe、（c）CoSeS、（d）CoSe@ MXene

和（e）CoS@ MXene 在电流密度为 0.1 A·g^{-1} 下前三圈的 GCD 曲线

为了进一步探究复合电极材料具有良好的可逆循环比容量和优异的电化学稳定性的原因,笔者对 CoSeS@ MXene 进行了电化学动力学分析。其中,图 7-9(a) 为 CoSeS@ MXene 在不同扫描速率(0.1~1.2 mV·s^{-1}) 下的 CV 曲线,从图中可以看出复合材料在不同扫描速率下得到的 CV 曲线形状基本上是一样的,然而随着扫描速率的增加,电极会发生极化作用,使氧化峰和还原峰逐渐向电压窗口的两侧移动。结果表明,CoSeS@ MXene 存在着准电容贡献行为。从图 7-9(b) 可以看出,CoSeS@ MXene 在图 7-9(a) 中三个氧化还原峰对应的线性拟合 b 值,分别为 0.55、0.71 和 0.68。这些 b 值均在 0.5~1 之间,证实了在储钠的电化学反应过程中同时存在着扩散电容和准电容。其中,准电容行为是电极材料的主导行为。笔者进一步对 CoSeS@ MXene 在不同扫描速率下的准电容贡献率进行了计算。

其中，CoSeS@ MXene 在电流密度为 0.6 mV · s^{-1} 下的准电容占比图如图
7-9(c)所示。由图可知，在 0.6 mV · s^{-1} 的扫描速率下，CoSeS@ MXene 的电
容贡献行为所占比例为 76.1%。此外，计算得到 CoSeS@ MXene 在扫描速率为
0.1 mV · s^{-1}、0.2 mV · s^{-1}、0.4 mV · s^{-1}、0.6 mV · s^{-1}、0.8 mV · s^{-1}、
1.0 mV · s^{-1} 和 1.2 mV · s^{-1} 下的准电容贡献率，准电容行为所占比例分别为
51.92%、62.06%、69.63%、76.08%、80.81%、88.58% 和 92.94%。通过以上结
果可知，准电容行为在电化学过程中占据主导地位，并且随着扫描速率的增
大，准电容贡献占比逐渐增大。较高的电容贡献则是 CoSeS@ MXene 能够实现
高倍率特性和充放电可逆性的主要因素之一。CoSeS@ MXene 优良的电容贡
献主要归因于 MXene 纳米片层的引入，其不但可以缓解电化学反应过程中过
渡金属硫族化合物的变形，还可以提升复合材料整体的电子和离子电导率。

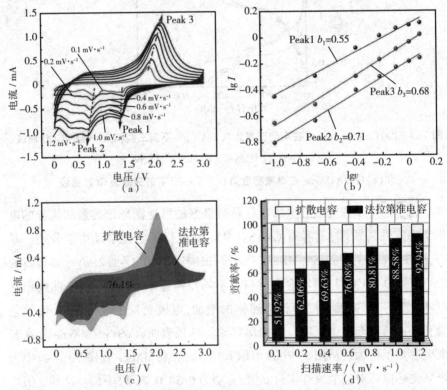

图 7-9　CoSeS@ MXene(a)在不同扫描速率下的 CV 曲线；

(b)不同氧化还原状态下的 lg$I$ 对 lg$v$ 的线性关系图；

(c)CoSeS@ MXene 在扫描速率为 0.6 mV · s^{-1} 下的准电容占比图；

(d)不同扫描速率下的准电容占比图

为了验证 CoSeS@MXene 的电化学动力学优势,笔者同样对没有引入 MXene 纳米片的 CoSeS 进行了动力学分析,结果如图 7-10 所示。图 7-10 (a)为 CoSeS 在 0.1~1.2 mV·s^{-1} 不同扫描速率下的 CV 曲线,从图中可以看出电极材料的氧化还原峰呈现出相反位移的增加,这表明 CoSeS 在储钠电化学反应过程存在着准电容行为。此外,通过计算得到了 CoSeS 在图 7-10 (a)中三个氧化还原峰对应的线性拟合 b 值。如图 7-10(b)所示,CoSeS 的 b 值分别为 0.33、0.38 和 0.53。其中还原峰 1 和还原峰 2 对应的 b 值均小于 0.5,表明电极材料存在扩散电容行为,而氧化峰 3 对应的 b 值大于 0.5,表明电极材料同时也存在着准电容行为。因此说,当 CoSeS 作为钠离子电池负极材料时,其比容量同时表现出准电容和扩散电容。但是,在扫描速率较低时容量贡献主要以扩散电容为主,而在扫描速率较高时容量贡献主要以准电容为主。CoSeS 在电流密度为 0.6 mV·s^{-1} 下的准电容占比图如图 7-10(c)所示。由图可知,CoSeS 在扫描速率为 0.1 mV·s^{-1}、0.2 mV·s^{-1}、0.4 mV·s^{-1}、0.6 mV·s^{-1}、0.8 mV·s^{-1}、1.0 mV·s^{-1} 和 1.2 mV·s^{-1} 时的准电容贡献率分别为 23.42%、32.29%、46.18%、53.44%、62.84%、71.72% 和 79.50%。在 0.1~0.4 mV·s^{-1} 的扫描速率下,CoSeS 的准电容占据比例均小于 50%,扩散电容占据主导地位。但是,在后期较大扫描速率(0.6~1.2 mV·s^{-1})时,准电容占据比例均超过 50%,准电容占据了主导地位。根据以上电极材料电化学动力学测试的对比,可以明显看出 CoSeS 的准电容占比低于 CoSeS@MXene,导致这个现象的原因主要是 CoSeS 缺乏 MXene 纳米片的支撑,使 CoSeS 在 Na$^+$ 脱出嵌入的充放电过程中体积发生膨胀,其微观结构晶格发生坍塌,从而影响 CoSeS 的循环稳定性。因此说,CoSeS@MXene 中 MXene 纳米片的引入,使其具有优异的倍率特性和良好的可逆循环稳定性。

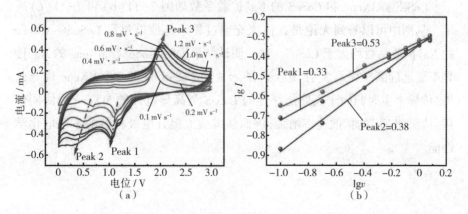

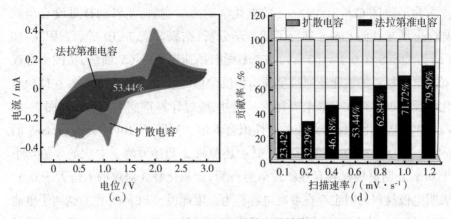

图 7-10　CoSeS 的动力学性能

（a）在不同扫描速率（0.1~1.2 mV·s⁻¹）下的 CV 曲线；

（b）不同氧化还原状态下的 lgI 对 lgV 的线性关系图；

（c）CoSeS 在电流密度为 0.6 mV·s⁻¹ 下的准电容占比图；

（d）不同扫描速率下的准电容占比图

Na⁺ 传导率对提升电极材料电化学动力学具有重要的影响。因此，测定电极材料在 Na⁺ 脱出嵌入的充放电过程中的 Na⁺ 扩散系数至关重要。在此，笔者首先采用 GITT 来计算电池电极材料的扩散系数。GITT 的测试由很多组脉冲、恒电流和弛豫组成。图 7-11（a）为 CoSeS@ MXene 和 CoSeS 在电流密度为 0.1 A·g⁻¹ 和电压范围为 0.01~3.0V 下的恒流充放电过程的 GITT 曲线，通过 GITT 曲线和公式（7-1）可以计算出 Na⁺ 的扩散系数：

$$D = \frac{4}{\pi\tau}\left(\frac{n_m V_m}{S}\right)^2\left(\frac{\Delta E_S}{\Delta E_t}\right)^2 \tag{7-4}$$

CoSeS@ MXene 和 CoSeS 的 Na⁺ 扩散系数如图 7-11（b）和 7-11（c）所示。从图中可以看到无论是在恒流充电过程还是放电过程 CoSeS@ MXene 的 Na⁺ 扩散系数均大于 CoSeS。这一测试结果说明，CoSeS@ MXene 的 Na⁺ 传导率要远远高于没有复合 MXene 纳米片的 CoSeS。CoSeS@ MXene 优异的 Na⁺ 传导率主要归因于高储能特性的 CoSeS 与高导电性的 MXene 的协同作用，从而使 Na⁺ 的扩散速率增加，进而从本质上提升电极材料的本征电化学性能。

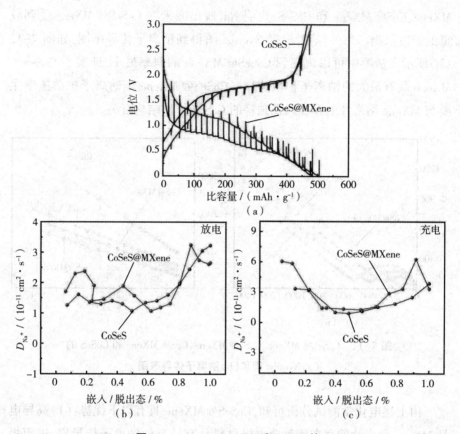

图 7-11　CoSeS@ MXene 和 CoSeS 的

（a）GITT 谱图；（b）放电过程中的 Na$^+$ 扩散系数图和（c）充电过程中的 Na$^+$ 扩散系数图

为了进一步研究电极材料的电化学反应动力学,笔者对 CoSeS@ MXene、CoSe@ MXene、CoS@ MXene 和 CoSeS 进行了 EIS 测试,Nyquist 图如图 7-12(a)所示。从图中可以看到各种电极材料均由高频区半圆和低频区的斜线共同组成。在高频区 CoSeS@ MXene 的半圆直径明显小于 CoSe@ MXene、CoS@ MXene 和 CoSeS。通过线性拟合计算得到 CoSeS@ MXene、CoSe@ MXene、CoS@ MXene 和 CoSeS 对应的电荷传输电阻分别为 131 Ω、272 Ω、388 Ω 和 514 Ω。CoSeS@ MXene 低的电荷传输电阻主要归因于 MXene 的引入,使复合电极材料既能缓冲循环过程中的体积变化又能增加电极材料的电导率,并且高活性的 CoSe 与 CoS 异质结构也极大地提高了复合材料的电化学性能。在低频区中,CoSeS@ MXene 的直线斜率大于 CoSe@

MXene、CoS@MXene 和 CoSeS，说明 Na^+ 脱出嵌入在 CoSeS@MXene 受到较低的扩散限制。另外，笔者根据 Nyquist 图得到钠离子传导率图，如图 7-12（b）所示。从图中可以观察到 CoSeS@MXene 的斜率最小，证实了 CoSeS@MXene 具有最大的钠离子扩散速率。CoSeS@MXene 高钠离子扩散速率主要与 MXene 纳米片的存在以及独特的 CoSeS 异质结构有关。

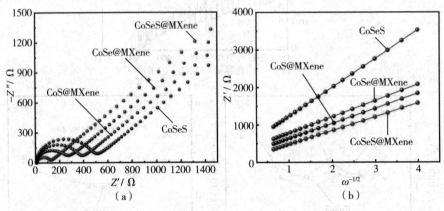

图 7-12　CoSeS@MXene、CoSe@MXene、CoS@MXene 和 CoSeS 的
（a）Nyquist 图和（b）钠离子传导率图

　　由上述电化学测试分析可知，CoSeS@MXene 具有以下优势：（1）高导电性 MXene 纳米片的存在使复合电极材料具有较高的钠离子传导率，进而提升其钠离子扩散能力；（2）CoSe 与 CoS 异质结构使复合电极材料具有更高的储钠特性；（3）高活性 CoSeS 纳米粒子原位生长在高导电性 MXene 纳米片上使复合电极材料具有独特的二维纳米片层结构，可最大限度提升电极材料的 ECSA 并且能够有效抑制电极材料在充放电过程中体积的变化，从而在不降低比容量的同时维持 CoSeS@MXene 在大电流密度下的循环稳定性。因此说，笔者设计合成的 CoSeS@MXene 可以实现过渡金属硫硒化物作为高活性钠离子电池负极材料应用于商业化生产。

7.3　本章小结

　　综上所述，本章通过原位液相沉淀-硫-硒化热解法成功合成了具有独特二维结构的 CoSeS@ MXene 复合材料。其中,二维的 MXene 纳米片作为导电基底和模板,为 MOF-Co 的生长提供充足的活性位点。在随后的硫-硒化热处理过程中,MOF-Co 转化为 CoSeS 纳米颗粒,并均匀地分布在高导电性的 MXene 纳米片上。以 CoSeS@ MXene 作为钠离子电池负极材料表现出高比容量、优异的倍率特性和良好的循环稳定性。在电流密度为 $2 \ A \cdot g^{-1}$ 下,CoSeS@ MXene 经过 300 次循环之后仍然可提供 $330.3 \ mAh \cdot g^{-1}$ 的可逆比容量。首先,其优异的钠离子电化学性能主要归因于复合电极材料中独特的二维 MXene 纳米片的存在,其有效抑制了 CoSeS 纳米粒子的团聚,缓解了在充放电过程中电极材料体积的变化,保持了材料高度的完整性和结构稳定性,并缩短了电子/离子的传输路径。其次,CoSe 与 CoS 异质结构使复合电极材料具有更高的储钠活性。最后,高导电性的 MXene 纳米片与高储钠特性的 CoSeS 纳米粒子有效复合产生 $1 + 1 > 2$ 的效能。因此说,CoSeS@ MXene 在钠离子电池的实际应用中具有较好的发展前景。

第 8 章　ZIF-8 衍生的 ZnSeS@RGO 复合电极材料的设计合成及其储钠性能研究

8.1　引　　言

在众多钠离子电极材料中,过渡金属硒化物($ZnSe$、$MoSe_2$、$FeSe_2$、$CoSe_2$ 和 $CuSe$ 等)由于其高理论比容量、优良的导电性和简单的合成方法等特点在储能领域方面得到广泛关注。其中,$ZnSe$ 与其他过渡金属硒化物相比,环境更友好、毒性更小、价格更低并具有较高的理论比容量($557\ mAh \cdot g^{-1}$)。但是,纯相 $ZnSe$ 低的导电性使其在电化学反应中产生较大的体积膨胀,进而导致其比容量在大电流密度下严重衰退。目前,为解决 $ZnSe$ 电极材料上述问题,越来越多的研究者开始关注构筑结构稳定和具有更快的动力学的新型钠离子电池电极材料。其中,最为有效的一种方法为构建 $ZnSe$ 和碳材料的复合电极材料以提升电极的导电性。

本章中,笔者以氧化石墨烯为导电载体、ZIF-8 为锌源、硒粉为硒源、硫代乙酰胺为硫源,通过简单的一步水热法合成出 ZIF-8 衍生的 ZnSeS@RGO 复合电极材料。原位构筑的 ZnSeS 异质结构可以有效促进电子的快速传递并缩短离子的扩散路径,为钠离子的脱嵌提供丰富的活性位点。与此同时,RGO 的引入可以提升电极材料的导电性,进而提高电极材料在钠离子脱嵌过程中的体积应变能力。归因于以上优点,ZnSeS@RGO 复合电极材料展示出优异的储钠特性。当其作为钠离子电池负极时,在 $1.0\ A \cdot g^{-1}$ 的电流密度下,电极材料的初始放电容量为 $604.2\ mAh \cdot g^{-1}$,充电容量为 452.3 mAh·g^{-1},且初始的库仑效率为 74.86%。因此说,ZnSeS@RGO 复合电极材料是非常有潜力的钠离子电池负极材料。

8.2　结果和讨论

8.2.1　ZnSeS@RGO 的形貌与结构

在本章中,笔者通过一步水热法制备了 ZnSeS@RGO 复合钠离子电池负极材料。图 8-1 为 ZnSeS@RGO 的合成示意图。如图所示,首先制备出 ZIF-8 纳米立方体和氧化石墨烯。随后,将 ZIF-8 和硫代乙酰胺加入到氧化石墨烯水溶液中混合均匀,并将其加入到硼氢化钠与 Se 粉的反应溶液中,隔绝空气强烈搅拌后,倒入水热釜中,再通过一步水热法合成出目标样品 ZnSeS@RGO。为了进行对比,笔者采用类似的制备方法在不加入氧化石墨烯的条件下合成出 ZnSeS 电极材料。

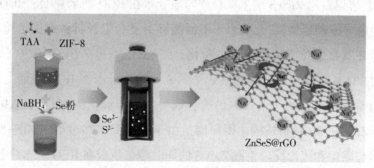

图 8-1　ZnSeS@RGO 的合成示意图

首先,利用 XRD 对 ZnSeS@RGO 和 ZnSeS 的晶体结构进行分析,如图 8-2 所示。在 27.22° 和 65.85° 处有明显的衍射峰分别对应于 ZnSe 的(111)晶面和(400)晶面;在 47.51° 和 55.28° 处出现的衍射峰分别对应于 ZnS 的 (220)晶面和(311)晶面。此外,与 ZnSeS 相比,ZnSeS@RGO 在 25° 左右出现一个宽而低的衍射峰,为 RGO 的衍射峰。以上结果表明,ZnSeS@RGO 被成功制备。

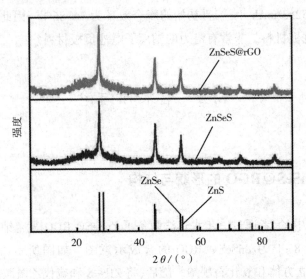

图 8-2 ZnSeS@RGO 和 ZnSeS 的 XRD 谱图

　　为了进一步观察 ZnSeS@RGO 的微观结构,笔者对其进行了 SEM 和 TEM 的表征,如图 8-3 所示。图 8-3(a)和图 8-3(b)为 ZnSeS@RGO 的 SEM 图,可以看出 ZnSeS 纳米颗粒均匀地分布在 RGO 纳米片上。RGO 具有良好的电导率和延展性,它的引入不但能够为复合电极材料提供形貌支撑,还能防止其在电化学反应中发生粉化。图 8-3(c)为 ZnSeS@RGO 的 TEM 图,通过 TEM 图可以进一步观察到 ZnSeS 均匀地分布在 RGO 表面上,其粒径约为 50 nm,整体看来 ZnSeS 仍然呈现为立方体形状,并未发生结构上的形变。ZnSeS@RGO 形成的主要原因是由于在高温水热过程中 ZIF-8 纳米立方体与硒源和硫源反应生成 ZnSeS 的同时原位生长在 RGO 纳米片上。复合电极材料的 HRTEM 图如图 8-3(d)所示,从图中可以观察到两种不同的晶格条纹,晶格间距为 0.194 nm 和 0.316 nm,分别归属于 ZnSe 的(220)晶面和 ZnS 和(111)晶面,这表明 ZnSeS@RGO 中存在 ZnSe 和 ZnS 晶相,形成了异质结构。图 8-3(e)为复合电极材料的 EDS 图,从图中可以看到复合电极材料中存在 Zn、Se、S、C 和 N 元素,且分布均匀,N 的存在主要与 ZIF-8 中有机物的高温分解有关。以上测试结果进一步说明 ZnSeS@RGO 被成功制备。

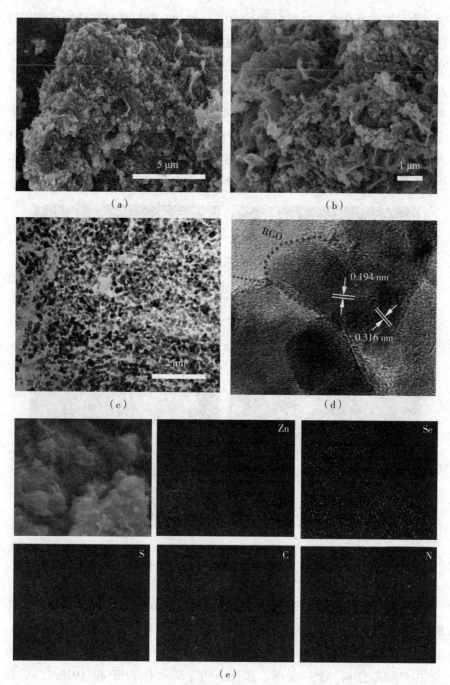

图 8-3　(a)～(b)ZnSeS@ RGO 的 SEM 图;(c)ZnSeS@ RGO 的 TEM 图;
(d)ZnSeS@ RGO 的 HRTEM 图;(e)ZnSeS@ RGO 的 EDS 图

　　为了探究复合电极材料中 RGO 和 ZnSeS 组分对电极材料性能和结构的
影响，笔者对 RGO 和 ZnSeS 进行了 SEM 表征。图 8-4(a) 和图 8-4(b) 为
ZIF-8 纳米立方体不同放大倍数下的 SEM 图，可以看出 ZIF-8 纳米立方体
表面光滑且大小均匀，粒径约为 300 nm，呈现出六面立方结构。图 8-4(c)
和图 8-4(d) 为 RGO 不同放大倍数下的 SEM 图，可以发现 RGO 为单层纳米
片，厚度约为 0.5 nm。基于此，可以看出 RGO 二维纳米片的引入使得 ZIF-8
六面立方结构颗粒变小，并且均匀分布在 RGO 二维纳米片上，使得两者发生
协同作用，进而提高复合电极材料的本征电化学性能。

图 8-4　(a)~(b)ZIF-8 六面体和(c)~(d)RGO 的 SEM 图

　　笔得通过 XPS 对 ZnSeS@RGO 的元素组成和价态进行分析研究。图
8-5(a) 为 ZnSeS@RGO 的 XPS 全谱，从图中可以看出复合材料中存在 Zn、
Se、S、C、和 N 元素，不存在其他杂质，这与 EDX 分析结果一致。图 8-5(b)
为 Zn 2p 高分辨 XPS 谱图。如图所示，结合能位于在 1020.7 eV 和
1043.9 eV 处的两个特征峰归属于 Zn^{2+} 的 Zn $2p_{3/2}$ 和 Zn $2p_{1/2}$，可以证明二价
锌存在于 ZnSeS@RGO 中。图 8-5(c) 为 ZnSeS@RGO 的 S 2p 和 Se 3p 高分

辨 XPS 谱图。由图可以看出由于 Se 3p 和 S 2p 的能谱存在部分重叠,进而可以拟合出四个特征峰。结合能位于 165.8 eV 和 159.3 eV 处的两个特征峰分别归属于 Zn—Se 键的 Se $3p_{1/2}$ 和 Se $3p_{3/2}$,而结合能位于 161.5 eV 和 160.3 eV 处的两个特征峰对应于 Zn—S 键的 S $2p_{1/2}$ 和 S $2p_{3/2}$,因此说明 ZnSeS@ RGO 中存在着 ZnSe 与 ZnS 异质结构,这与文献报道的硫化物/硒化物分析结果一致。图 8-5(d)为 ZnSeS@ RGO 的 Se 3d 高分辨 XPS 谱图。结合能位于 54.6 eV 和 53.8 eV 处的两个特征峰分别代表 Zn—Se 键的 Se $3d_{3/2}$ 和 Se $3d_{5/2}$。ZnSeS@ RGO 的 C 1s 高分辨 XPS 谱图如图 8-5(e)所示,从图中可以看出结合能位于 284.2 eV、285.0 eV 和 286.5 eV 处的特征峰分别对应于 sp^2C—sp^2C 键、N—sp^2C 键和 N—sp^3C 键。此外,从 N 1s 的高分辨 XPS 光谱可以观察到 ZnSeS@ RGO 中 N 元素的存在,如 8-5(f)所示。结合能位于 405.9 eV、402.5 eV 和 399.8 eV 处,分别归属于 N—O、C—N 和 C=N 键。以上 XPS 的分析结果证明,笔者成功合成出了 ZnSeS@ RGO 复合电极材料。

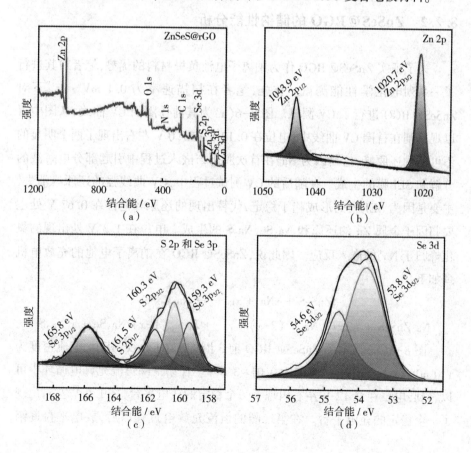

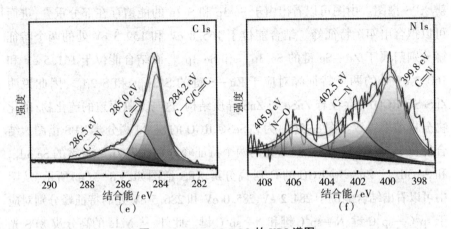

图 8-5　ZnSeS@RGO 的 XPS 谱图

(a)全谱；(b) Zn 2p；(c)S 2p 和 Se 2p；(d) Se 3d；(e)C 1s；(f)N 1s

8.2.2　ZnSeS@RGO 的储钠性能分析

为了证实 ZnSeS@RGO 作为钠离子电池负极材料的优势，笔者对其进行了一系列电化学性能测试。首先，笔者在扫描速率为 $0.1\ \mathrm{mV \cdot s^{-1}}$ 下对 ZnSeS@RGO 进行了 CV 测试。图 8-6(a)为其前 3 圈的 CV 曲线，从图中可以观察到在首圈 CV 曲线中，电位在 0.12 V 和 1.0 V 左右出现了两个明显的不可逆的还原峰，这是因为 Na^+ 在首次脱出与嵌入过程中引起部分电解液的分解和 SEI 膜的生成。在随后的 CV 测试过程中，CV 曲线强的还原峰消失，主要是因为 SEI 膜的形成趋于稳定，代替出现的还原峰电位在 0.67 V 处主要归因于金属 Zn 的还原和 Na_2Se、Na_2S 的生成。电位在 1.3 V 处出现的氧化峰归于 Na^+ 的嵌入反应。因此说，ZnSeS@RGO 在钠离子电池的充放电机理如下：

$$ZnSeS + xNa^+ + xe^- \longrightarrow Na_xCoSeS$$

$$Na_xZnSeS + (2-x)\ Na^+ + (2-x)\ e^- \longrightarrow Zn + (1-x)\ Na_2Se + x\ Na_2S$$

图 8-6(b)显示了 ZnSeS@RGO 前 3 圈的 GCD 曲线，其中，电流密度为 $1.0\ \mathrm{mV \cdot s^{-1}}$，工作电压范围为 0.01~3.0 V。在第一圈恒流充放电循环中可以看到，电位在 0.12 V 左右出现了一个稳定的放电平台，在 1.0 V 左右出现了一个稳定的充电平台。在第二圈的恒流充放电过程以后，放电平台逐渐

稳定在 0.6 V 左右,充电平台逐渐稳定在 1.1 V 左右,这些充放电平台均与
CV 曲线表现一致。通过计算可知,ZnSeS@ RGO 在首圈的放电比容量为
665.4 mAh·g⁻¹,库仑效率仅为 76.22%。在第二圈和第三圈的恒流充放电
过程中,放电比容量分别为 540.6 mAh·g⁻¹ 和 531.4 mAh·g⁻¹,充电比容量
分别为 496.7 mAh·g⁻¹ 和 492.9 mAh·g⁻¹,并且库仑效率分别为 91.87% 和
92.75%,最后趋于稳定。以上电化学测试结果表明,ZnSeS@ RGO 在首次充
放电过程活化后具有非常优异的比容量和循环稳定性。

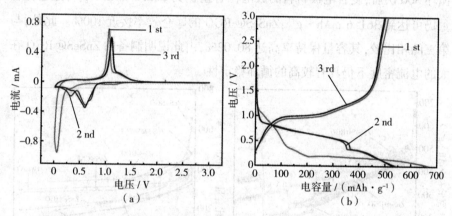

图 8-6　(a)ZnSeS@ RGO 在扫描速率为 1.0 mV·s⁻¹ 下前 3 圈的 CV 曲线;
(b)ZnSeS@ RGO 在电流密度为 0.1 A·g⁻¹ 下前 3 圈的 GCD 曲线

为了充分确定 ZnSeS@ RGO 优异的电化学性能,笔者对 ZnSeS@ RGO 进
行了倍率特性的研究。图 8-7(a)为 ZnSeS@ RGO、ZnSe@ RGO、ZnS@ RGO
和 ZnSeS 的倍率特性图。如图所示,ZnSeS@ RGO 在电流密度为 0.1 A·g⁻¹、
0.2 A·g⁻¹、0.5 A·g⁻¹、1.0 A·g⁻¹、2.0 A·g⁻¹ 和 5.0 A·g⁻¹ 下,可逆比容
量 分 别 为 651.2 mAh·g⁻¹、439.1 mAh·g⁻¹、411.2 mAh·g⁻¹、
370.8 mAh·g⁻¹、342.1 mAh·g⁻¹ 和 312.4 mAh·g⁻¹。当电流密度再次恢复
为 0.1 A·g⁻¹ 时,ZnSeS@ RGO 可提供的可逆比容量仍然能够达到
498.4 mAh·g⁻¹,其值均高于其他电极材料,进一步说明 ZnSeS@ RGO 具有
优异的倍率特性。此外,为了进一步说明 ZnSeS@ RGO 拥有较好的倍率特
性,笔者将其性能与相关文献报道的锌基电极材料相对比,结果如图 8-7
(b)所示。从图中可看出,ZnSeS@ RGO 无论是在小电流密度下还是在大电
流密度下均具有优异的储钠性能。钠离子电极材料的循环稳定性同样是评

价电极材料好坏的标准之一。图 8-7(c) 显示了 ZnSeS@ RGO 在电流密度为 1.0 A·g^{-1} 下 300 次恒流充放电循环后的循环稳定性和库仑效率图。如图所示，第一圈恒流充放电过程中，ZnSeS@ RGO 的放电比容量为 604.2 mAh·g^{-1}，充电比容量为 452.3 mAh·g^{-1}，初始的库仑效率为 74.86%，较低的库仑效率主要与 SEI 膜的生成和电解液的分解有关。从第二圈恒流充放电开始，ZnSeS@ RGO 的库仑效率逐渐增长为 92.69%、96.03% 和 97.31%。当其循环 300 次后，复合电极材料的放电比容量仍为 362.5 mAh·g^{-1}，充电比容量仍可达到 361.6 mAh·g^{-1}，ZnSeS@ RGO 的库仑效率接近 100%。此外，与第三圈相比较，其容量保持率高达 80.02%，由此说明制备的 ZnSeS@ RGO 在大的电流密度下仍具有较高的循环稳定性。

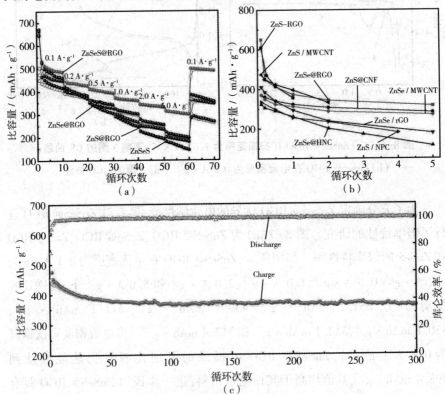

图 8-7　ZnSeS@ RGO、ZnSe@ RGO、ZnS@ RGO 和 ZnSeS

(a)倍率性能图；(b)与其他电极材料电化学性能对比图；

(c)ZnSeS@ RGO 在电流密度为 1.0 A·g^{-1} 下

300 次恒流充放电循环后的循环稳定性和库仑效率图

电极材料具有优异的钠离子储能性能,有一部分原因来自快速的电化学反应动力学。为了进一步研究 ZnSeS@ RGO 的动力学反应原理和具有优良倍率特性的根本原因,笔者对 ZnSeS@ RGO 的电容贡献进行了定性和定量的分析。首先,笔者在 $0.1 \sim 1.2 \ \text{mV} \cdot \text{s}^{-1}$ 的不同扫描速率下对 ZnSeS@ RGO 进行了 CV 测试。如图 8-8(a)所示,可以看出复合材料的电位在 0.5 V 处有一个还原峰,在 1.1 V 处有一个氧化峰,并且氧化还原峰随着扫描速率的增加呈现出相反位移的增加,表明 ZnSeS@ RGO 存在着一定准电容贡献行为。

通过计算和图 8-8(b)可知,ZnSeS@ RGO 的 CV 曲线中的一对氧化还原峰对应的 b 值分别为 0.62 和 0.56。这些 b 值均在 0.5 到 1.0 之间,进一步说明制备的复合电极材料在储钠过程中同时存在着离子扩散电容和准电容,而准电容占主导。笔者采用 Dunn 等人提出的方法对 ZnSeS@ RGO 的电容进行定量测算。

通过计算分析可知,ZnSeS@ RGO 在 $0.1 \ \text{mV} \cdot \text{s}^{-1}$、$0.2 \ \text{mV} \cdot \text{s}^{-1}$、$0.4 \ \text{mV} \cdot \text{s}^{-1}$、$0.6 \ \text{mV} \cdot \text{s}^{-1}$、$0.8 \ \text{mV} \cdot \text{s}^{-1}$、$1.0 \ \text{mV} \cdot \text{s}^{-1}$ 和 $1.2 \ \text{mV} \cdot \text{s}^{-1}$ 的扫描速率下的准电容贡献率分别为 53.46%、62.41%、70.68%、76.12%、81.67%、90.55% 和 92.23%,该结果从定性方面进一步证实复合电极材料的准电容行为在电化学反应过程占主导地位,并且随着扫描速率的增大,准电容贡献占比逐渐增大。较高的准电容贡献归因于 ZnSeS@ RGO 独特的结构特征。其中,ZIF-8 衍生的 ZnSe 与 ZnS 异质结具有更多的活性位点;RGO 作为导电基底使得复合材料具有更好的电子和离子电导率。

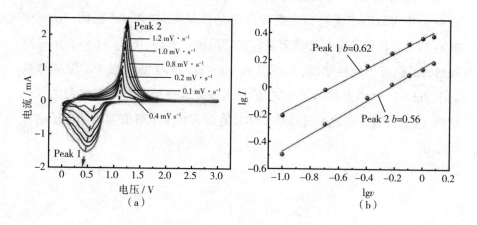

(a)　(b)

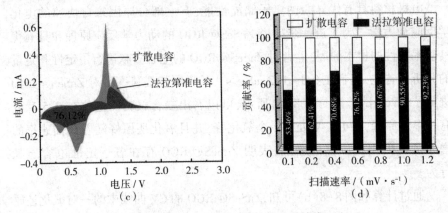

图 8-8　ZnSeS@ RGO 的动力学性能

(a)在不同扫描速率(0.1~1.2 mV · s⁻¹)下的 CV 曲线；

(b)不同氧化还原状态下的 lg I 对 lg v 的线性关系图；

(c)ZnSeS@ RGO 在扫描速率为 0.6 mV · s⁻¹ 下的准电容占比图；

(d)不同扫描速率下的准电容占比图

　　为了进一步探究所制备的电极材料的电化学反应动力学,笔者对 ZnS-eS@ RGO 和 ZnSeS 进行了 EIS 测试。图 8-9(a)为所制备电极材料的 Nyquist 图。如图所示,所合成的电极材料的 EIS 曲线均由高频区的一个半圆和低频区的一条斜线共同组成。一般来说,高频区的半圆半径大小直接反映电极材料与电解液接触界面产生的电荷转移阻抗;低频区的斜线斜率大小反映 Na⁺ 嵌入电极材料中的扩散作用引起的 Warburg 阻抗。从图 8-9(a)中可以看出无论是在高频区还是低频区,与 ZnSeS 相比,ZnSeS@ RGO 均具有较低的电荷转移阻抗和扩散阻抗。此外,图 8-9(b)显示了电极材料的钠离子传导率图,如图所示,ZnSeS@ RGO 的钠离子扩散速率要高于 ZnSeS。这主要归因于 RGO 的加入使复合电极材料具有独特的二维结构,进而提高了电化学反应动力学且有效缩短了电解液离子和电子的传递路径。

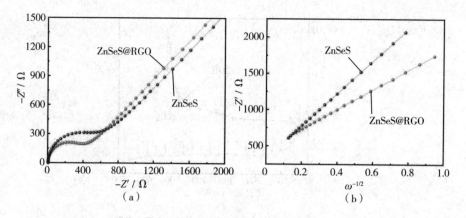

图 8-9 ZnSeS@ RGO 和 ZnSeS 的

(a)Nyquist 图和(b)钠离子传导率图

图 8-10(a)显示了 ZnSeS@ RGO 和 ZnSeS 恒流充放电过程的 GITT 谱图。其中,电流密度为 $0.1\ A\cdot g^{-1}$,工作电压范围为 $0.01\sim3.0\ V$。图 8-10(b)和 8-10(c)分别为电极材料的充电过程 Na^+ 扩散系数和放电过程钠离子扩散系数。如图所示,ZnSeS@ RGO 的 Na^+ 扩散系数在充电过程和放电过程均大于 ZnSeS。ZnSeS@ RGO 高的钠离子传导率主要归功于高导电性 RGO 的加入,使电极材料在电化学反应中的传质和传荷能力增加,进而从本质上提升 ZnSeS@ RGO 的电化学反应动力学。

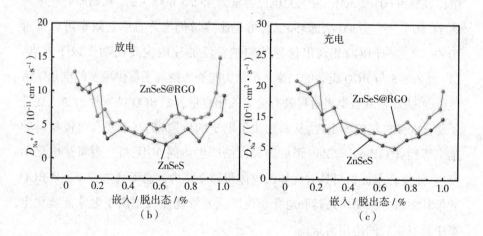

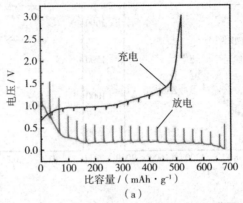

（a）

图 8-10　ZnSeS@ RGO 和 ZnSeS 的（a）GITT 谱图、

（b）放电过程中的 Na⁺扩散系数图和（c）充电过程中的 Na⁺扩散系数图

8.3　本章小结

本章以氧化石墨烯为导电载体、ZIF-8 为锌源、硒粉为硒源、硫代乙酰胺为硫源通过一步水热法合成出 ZIF-8 衍生的 ZnSeS@ RGO 复合电极材料。当其作为钠离子电池负极材料时,ZnSeS@ RGO 表现出优异的储钠比容量、高循环稳定性和优良的倍率性能。在电流密度为 1.0 A · g⁻¹ 时,复合材料的初始放电比容量为 604.2 mAh · g⁻¹,充电比容量为 452.3 mAh · g⁻¹,初始库仑效率高达 74.86%。经过 300 次循环之后,可逆比容量仍为并且库仑效率可以接近100%。ZnSeS@ RGO 表现出优异的储钠特性的原因主要归功于以下几点:(1)由 ZnSeS 与 RGO 组装的二维片层结构能够为钠离子提供更多的电化学活性位点,进而使复合电极材料具有更高的比容量;(2)RGO 纳米片的加入提升了复合电极材料的导电性,从而加快了电子的传递,提高了复合电极材料的倍率特性;(3)ZnSe 与 ZnS 形成的异质结产生协同作用,可实现可逆电化学反应,使复合电极材料具有优异的抗体积膨胀能力。总而言之,ZnSeS@ RGO凭借其制备方法简单易行和电化学性能优异等优点在钠离子电池商业化生产中具有广阔的应用前景。

参考文献

[1] CHU S, MAJUMDAR A. Opportunities and challenges for a sustainable energy future[J]. Nature, 2012, 488: 294-303.

[2] GAO R J, WANG J, HUANG Z F, et al. Pt/Fe$_2$O$_3$ with Pt-Fe pair sites as a catalyst for oxygen reduction with ultralow Pt loading[J]. Nature Energy, 2021, 6: 614-623.

[3] JACOBSON M Z. Review of solutions to global warming, air pollution, and energy security[J]. Energy Environ. Sci., 2009, 2(2): 148-173.

[4] ZHU Q C, ZHAO D Y, CHENG M Y, et al. A new view of supercapacitors: integrated supercapacitors [J]. Advanced Energy Materials, 2019, 9(36): 1901081.

[5] SCHMIDT O, MELCHIOR S, HAWKES A, et al. Projecting the future levelized cost of electricity storage technologies[J]. Joule, 2019, 3: 81-100.

[6] ZHOU W X, TANG Y J, ZHANG X Y, et al. MOF derived metal oxide composites and their applications in energy storage [J]. Coordination Chemistry Reviews, 2023, 477: 214949

[7] DUNN B, KAMATH H, TARASCON J M, et al. Electrical energy storage for the grid: a battery of choices[J]. Science, 2011, 334: 928-934.

[8] CHOUDHARY N, LI C, MOORE J, et al. Asymmetric supercapacitor electrodes and devices[J]. Advanced Materials, 2017, 29: 1605336.

[9] CUI M J, MENG X K. Overview of transition metal-based composite materials for supercapacitor electrodes[J]. Nanoscale Advances, 2020, 12

（2）：5516-5528.

[10] YU Y H, CHEN Q R, LI J, et al. Progress in the development of heteroatom-doped nickel phosphates for electrocatalytic water splitting [J]. Journal of Colloid and Interface Science, 2022, 607 (2): 1091-1102.

[11] CHENG J Y, GAO L F, LI T, et al. Two-dimensional black phosphorus nanomaterials: emerging advances in electrochemical energy storage science[J]. Nano-Micro Letters, 2020, 12(12):179.

[12] CHEN J H, WHITMIRE K H. A structural survey of the binary transition metal phosphides and arsenides of the d-block elements[J]. Coordination Chemistry Reviews, 2018, 355: 271-327.

[13] WANG X, KIM H M, XIAO Y, et al. Nanostructured metal phosphide-based materials for electrochemical energy storage[J]. J. Mater. Chem. A, 2016, 4: 14915.

[14] OYAMA S. Novel catalysts for advanced hydroprocessing: transition metal phosphides[J]. Journal of Catalysis, 2003, 216(1~2): 343-352.

[15] OYAMA S T, GOTT T, ZHAO H Y, et al. Transition metal phosphide hydroprocessing catalysts: A review[J]. Catalysis Today, 2009, 143(1~2): 94-107.

[16] PRINS R, BUSSELL M E. Metal phosphides: preparation, characterization and catalytic reactivity[J]. Catalysis Letters, 2012, 142:1413-1436.

[17] HU Y M, LIU M C, YANG Q Q, et al. Facile synthesis of high electrical conductive CoP via solid-state synthetic routes for supercapacitors[J]. Journal of Energy Chemistry, 2017, 26: 49-55.

[18] RANGANATHA S. A short review on metal phosphide based 2D nanomaterials for high performance electrochemical supercapacitors[J]. Materials Research Innovations, 2022, 10:93-99.

[19] KRISHNAN S A, SU Y Z, HUANG M K, et al. High-performance hybrid supercapacitors based on electrodeposited amorphous bimetallic nickel cobalt phosphide nanosheets[J]. Journal of Alloys and Compounds, 2022;897:163031-163040.

[20] HU Y M, LIU M C, HU Y X, et al. One-pot hydrothermal synthesis of porous nickel cobalt phosphides with high conductivity for advanced energy conversion and storage[J]. Electrochim Acta. 2016;215:114-125.

[21] LI X, ELSHAHAWY A M, GUAN C, et al. Metal phosphides and phosphates-based electrodes for electrochemical supercapacitors [J]. small,2017,13:1701530.

[22] CALLEJAS J F, MCENANEY J M, READ C G, et al. Electrocatalytic and photocatalytic hydrogen production from acidic and neutral-pH aqueous solutions using iron phosphide nanoparticles[J]. ACS Nano, 2014, 8: 11101-11107.

[23] POPCZUN E J, READ C G, ROSKE C W, et al. Highly active electrocatalysis of the hydrogen evolution reaction by cobalt phosphide nanoparticles[J]. Angew. Chem. Int. Ed. 2014,53: 5427-5430.

[24] PAN Y, HU W H, LIU D P, et al. Carbon nanotubes decorated with nickel phosphide nanoparticles as efficient nanohybrid electrocatalysts for the hydrogen evolution reaction[J]. J. Mater. Chem. A,2015,3: 13087-13094.

[25] ZENG D Q, XUA W J, ONGW J, et al. Toward noble-metal-free visible-light-driven photocatalytic hydrogen evolution: Monodisperse sub-15 nm Ni_2P nanoparticles anchored on porous $g-C_3N_4$ nanosheets to engineer 0D-2D heterojunction interfaces [J]. Applied Catalysis B: Environmental,2018,221:47-55.

[26] JI S P, SONG C Y, LI J F, et al. Metal phosphides embedded with in situ-formed metal phosphate impurities as buffer materials for highperformance potassium-ion batteries [J]. Adv. Energy Mater. 2021, 11 (40): 2101413.

[27] IHSAN-UL H M, HUANG H, CUI J S, et al. Chemical interactions between red P and functional groups in NiP_3/CNT composite anodes for enhanced sodium storage[J]. J. Mater. Chem. A,2018,6,20184.

[28] WU Z X, WANG J, LIU R, et al. Facile preparation of carbon sphere

supported molybdenum compounds（P,C and S）as hydrogen evolution electrocatalysts in acid and alkaline electrolytes[J]. Nano Energy,2017, 32：511-519.

[29] DONG T, ZHANG X, WANG P, et al. Hierarchical nickel–cobalt phosphide hollow spheres embedded in P-doped reduced graphene oxide towards superior electrochemistry activity[J]. Carbon,2019,149：222-233.

[30] HE S X, LI Z W, MI H Y, et al. 3D nickel–cobalt phosphide heterostructure for high-performance solid-state hybrid supercapacitors [J]. Journal of Power Sources,2020,467：228324.

[31] SUN Y Q,HANG L F,SHEN Q,et al. Mo doped Ni_2P nanowire arrays：an efficient electrocatalyst for the hydrogen evolution reaction with enhanced activity at all pH values[J]. Nanoscale,2017,9：16674.

[32] JAVED U, DHAKAL G, RABIE A M, et al. Heteroatom-doped reduced graphene oxide integrated with nickelcobalt phosphide for high-performance asymmetric hybrid supercapacitors [J]. Materials Today Nano,2022,18：100195.

[33] TOGHRAEI A,SHAHRABI T. DARBAND G B,et al. Electrodeposition of self-supported Ni–Mo–P film on Ni foam as an affordable an high-performance electrocatalyst toward hydrogen evolution reaction [J]. Electrochimica Acta,2020,335:135643.

[34] CAO M, XUE Z, NIU J J,et al. Facile electrodeposition of Ni–Cu–P dendrite nanotube films with enhanced hydrogen evolution reaction activity and durability [J]. ACS Appl. Mater. Interfaces 2018, 10：35224-35233.

[35] WANG C,XU H,WANG Y,et al. Hollow V-doped CoM_x(M = P,S,O) nanoboxes as efficient OER electrocatalysts for overall water splitting[J]. Inorganic. Chemistry. 2020,59：11814-11822

[36] ZHANG X Y,ZHU Y R,CHEN Y,et al. Hydrogen evolution under large-current-density based on fluorine-doped cobalt-iron phosphides[J]. Chemical Engineering Journal,2020,399：125831.

[37] CHEN N,ZHANG W B,ZENG J C,et al. Plasma-engineered MoP with nitrogen doping: electron localization toward efficient alkaline hydrogen evolution[J]. Applied Catalysis B: Environmental,2020,268: 118441.

[38] CHEN J,XU W L,WANG H Y,et al. Emerging two-dimensional nanostructured manganese-based materials for electrochemical energy storage: recent advances, mechanisms, challenges, and prospects [J]. Journal of Materials Chemistry A,2022,10: 21197.

[39] WEN S T,CHEN G L,CHEN W,et al. Nb-doped layered FeNi phosphide nanosheets for highly efficient overall water splitting under high current densities[J]. Journal of Materials Chemistry A,2021,9: 9918.

[40] LI Y B,TAN X,TAN H,et al. Phosphine vapor-assisted construction of heterostructured $Ni_2P/$ $NiTe_2$ catalysts for efficient hydrogen evolution[J]. Energy &Environmental Science,2020,13: 1799.

[41] BOPPELLA R, TAN J W, YANG W, et al. Homologous CoP/NiCoP heterostructure on N-doped carbon for highly efficient and pH-universal hydrogen evolution electrocatalysis [J]. Adv. Funct. Mater. , 2019, 29: 1807976.

[42] LI J C, ZHANG C, MA H J, et al. Modulating interfacial charge distribution of single atoms confined in molybdenum phosphosulfide heterostructures for high efficiency hydrogen evolution [J]. Chemical Engineering Journal,2021,414: 128834.

[43] ZHAO X H,XUE Z M,CHEN W J,et al. Eutectic synthesis of high-entropy metal phosphides for electrocatalytic water splitting [J]. ChemSusChem,2020,13: 2038-2042.

[44] MENG Q F, CAIA K F, CHENA Y X, et al. Research progress on conducting polymer based supercapacitor electrode materials[J]. Nano Energy,2017,36:268-285.

[45] AFIF A, RAHMAN S M, AZAD A T, et al. Advanced materials and technologies for hybrid supercapacitors for energy storage-a review[J]. Journal of Energy Storage,2019,25: 100852.

[46] CHODANKARA N R, BAGAL I V, RYU S W, et al. Hybrid material

passivation approach to stabilize the silicon nanowires in aqueous electrolyte for high – energy efficient supercapacitor [J]. Chemical Engineering Journal,2019,362: 609−618.

[47] SHAO Y L,EL-KADY M F,SUN J Y,et al. Design and mechanisms of asymmetric supercapacitors[J]. Chemical. Reviews. 2018,118,9233−9280.

[48] REN G R,LIU J F,WAN J,et al. Overview of wind power intermittency: Impacts,measurements,and mitigation solutions[J]. Applied Energy, 2017,204: 47−65.

[49] HE X Y, ZHANG X L. A comprehensive review of supercapacitors: properties,electrodes,electrolytes and thermal management systems based on phase change materials [J]. Journal of Energy Storage, 2022, 56: 106023.

[50] WANG C,SUI G Z,GUO D X,et al. Structure – designed synthesis of hollow/porous cobalt sulfide/phosphide based materials for optimizing supercapacitor storage properties and hydrogen evolution reaction [J]. Journal of Colloid and Interface Science,2021,599: 577−585.

[51] VASSILEV S V,VASSILEVA C G,VASSILEVV S,et al. Advantages and disadvantages of composition and properties of biomass in comparison with coal: An overview[J]. Fuel,2015,158: 330−350.

[52] LIU L,ZHAO H P,LEI Y,et al. Review on nanoarchitectured current collectors for pseudocapacitors[J]. Small Methods,2019,3: 1800341.

[53] KUNDU M,LIU L. Direct growth of mesoporous MnO_2 nanosheet arrays on nickel foam current collectors for high−performance pseudocapacitors[J]. Journal of Power Sources,2013,243(6):676−681.

[54] QIN Z,LIU J,SUN B M,et al. AC/Ni(OH)$_2$ as a porous electrode material for supercapacitors with high−performance[J]. Electrochimica Acta,2022,435: 141370.

[55] AN W D, LIU L, GAOY F, $Ni_{0.9}Co_{1.92}Se_4$ nanostructures: binder−free electrode of coral−like bimetallic selenide for supercapacitors[J]. RSC Advances,2016,6:75251.

[56] ZHANG D Y,ZHAO M Q,ZHANG H,et al. A novel electro-synthesis of hierarchical Ni-Al LDH nanostructures on 3D carbon nanotube networks for hybrid-capacitors[J]. Carbon,2023,201: 1081-1089.

[57] LI Z Q, YU R T, YUE C M,et al. Nickel phosphide nanoparticles decorated on polypyrrole nanowires as battery-type electrodes for hybrid supercapacitors[J]. Synthetic Metals,2022,291: 117163.

[58] TAN H K,SUN L,ZHANG Y X,et al. Metal phosphides as promising electrode materials for alkali metal ion batteries and supercapacitors: a review[J]. Advanced Sustainable Systems,2022,6: 2200183.

[59] KHALAFALLAH D,ZHI M J,HONG Z L,et al. Bi-Fe chalcogenides anchored carbon matrix and structured core - shell Bi-Fe-P@Ni-P nanoarchitectures with appealing performances for supercapacitors [J]. Journal of Colloid and Interface Science,2022,606: 1352-1363.

[60] NIU R C, WANG G J, DING Y Y, et al. Hexagonal prism arrays constructed using ultrathin porous nanoflakes of carbon doped mixed-valence Co - Mn - Fe phosphides for ultrahigh areal capacitance and remarkable cycling stability[J]. Journal of Materials Chemistry A,2019, 7: 4431.

[61] AGARWAL A,SANKAPAL B R. Metal phosphides: topical advances in the design of supercapacitors [J]. Journal of Materials Chemistry A, 2021,9: 20241.

[62] GAO M,WANG W K,ZHANG X,et al. Fabrication of metallic nickel-cobalt phosphide hollow microspheres for high-rate supercapacitors[J]. The Journal of Physical Chemistry C,2018,122: 25174-25182.

[63] LIANG H F, XIA C,JIANG Q,et al. Low temperature synthesis of ternary metal phosphides using plasma for asymmetric supercapacitors[J]. Nano Energy,2017,35: 331-340.

[64] ZHANG N,LI Y F,XU J Y,et al. High-performance flexible solid-state asymmetric supercapacitors based on bimetallic transition metal phosphide nanocrystals[J]. ACS Nano,2019,13: 10612-10621.

[65] LIANG Z B,QU C,ZHOU W Y,et al. Synergistic effect of Co-Ni hybrid phosphide nanocages for ultrahigh capacity fast energy storage [J].

Advanced. Science,2019,6: 1802005.

[66] YU Y H, CHEN Q R, LI J, et al. Progress in the development of heteroatom-doped nickel phosphates for electrocatalytic water splitting[J]. Journal of Colloid and Interface Science,2022,607:1091-1102.

[67] LIU F, SHI C X, GUO X L, et al. Rational design of better hydrogen evolution electrocatalysts for water splitting: a review [J]. Advanced Science,2022,9: 2200307.

[68] ZHANG N, AMORIM I, LIU L F, et al. Multimetallic transition metal phosphide nanostructures for supercapacitors and electrochemical water splitting[J]. Nanotechnology,2022,33: 432004.

[69] CHANDRASEKARAN S, KHANDELWAL M, DAYONG F, et al. Developments and perspectives on robust nano - and microstructured binder-free electrodes for bifunctional water electrolysis and beyond[J]. Adv. Energy Mater. 2022,12: 2200409

[70] ZHONG XI, HUANG K K, ZHANG Y, et al. Constructed interfacial oxygen- bridge chemical bonding in core - shell transition metal phosphides/carbon hybrid boosting oxygen evolution reaction [J]. ChemSusChem,2021,14: 2188-2197.

[71] JIANG L W, HUANG Y, ZOU Y, et al. Boosting the stability of oxygen vacancies in α-Co(OH)$_2$ nanosheets with coordination polyhedrons as rivets for high-performance alkaline hydrogen evolution electrocatalyst[J]. Advanced. Energy Materials,2022,12: 2202351.

[72] YAN D F, XIA C F, ZHANG W J, et al. Cation defect engineering of transition metal electrocatalysts for oxygen evolution reaction [J]. Advanced. Energy Materials,2022,2202317.

[73] KUMARAVEL S, KARTHICK K, SAMSANKAR S, et al. Recent progresses in engineering of Ni and Co based phosphides for effective electrocatalytic water splitting[J]. ChemElectrochem,2021,8: 4638-4685.

[74] CAI Z C, WU A P, YAN H J, et al. Hierarchical whisker-on-sheet NiCoP with adjustable surface structure for efficient hydrogen evolution reaction [J]. Nanoscale,2018,10: 7619-7629

[75] XU R R, JIANG T F, FU Z, et al. Ion-exchange controlled surface engineering of cobalt phosphide nanowires for enhanced hydrogen evolution[J]. Nano Energy,2020,78: 105347

[76] CAI J Y, SONG Y, ZANG Y P. N-induced lattice contraction generally boosts the hydrogen evolution catalysis of P-rich metal phosphides[J]. Science Advances,2020,6: 8113.

[77] LU X F, YU L, LOU X W. Highly crystalline Ni-doped FeP/carbon hollow nanorods as all-pH efficient and durable hydrogen evolving electrocatalysts[J]. Science Advances,2019,5: 6009.

[78] DUNN B, KAMATH H, TARASCON J M, et al. Electrical energy storage for the grid: a battery of choices[J]. Science,2011,334: 928-935.

[79] ROY B K, TAHMID I, RASHID T U, et al. Chitosan-based materials for supercapacitor applications: a review[J]. Journal of Materials Chemistry A,2021,9: 17592-17642.

[80] CHU S, MAJUMDAR A. Opportunities and challenges for a sustainable energy future[J]. Nature,2012,488: 294-303.

[81] GUO W, YU C, LI S F, et al. Toward commercial-level mass-loading electrodes for supercapacitors: opportunities, challenges and perspectives [J]. Energy & Environmental Science,2021,14: 576-601.

[82] YUN Q B, LI L X, HU Z N, et al. Layered transition metal dichalcogenide-based nanomaterials for electrochemical energy storage [J]. Advanced Materials. ,2020,32: 1903826.

[83] SUN L, TIAN C G, LI M T, et al. From coconut shell to porous graphene-like nanosheets for high-power supercapacitors[J]. Journal of Materials Chemistry A,2013,1: 6462-6470.

[84] SIMON P, GOGOTSI Y. Perspectives for electrochemical capacitors and related devices[J]. Nature Materials,2020,19: 1151-1163.

[85] ZHANG X M, SU D N, WU A P, et al. Porous NiCoP nanowalls as promising electrode with high-area and mass capacitance for supercapacitors. Science China Materials,2019,62: 1115-1126.

[86] ZHU Q C, ZHAO D Y, CHENG M Y, et al. A New View of Supercapacitors: Integrated Supercapacitors [J]. Advanced Energy

Materials,2019,9：1901081.

[87] SHAO Y L, EL-KADY M F, SUN J Y, Design and Mechanisms of Asymmetric Supercapacitors. Chemical. Reviews, 2018, 118：9233 - 9280.

[88] LIU R, ZHOU A, ZHANG X R, et al. Fundamentals, advances and challenges of transition metal compounds-based supercapacitors [J]. Chem. Eng. J.,2021,412：128611.

[89] WANG F X, WU X W, YUAN X H, et al. Latest advances in supercapacitors：from new electrode materials to novel device designs[J]. Chem Soc Rev,2017,46：6816-6854.

[90] KANDASAMY M, SAHO S, NAYAK S K, Recent advances in engineered metal oxide nanostructures for supercapacitor applications：experimental and theoretical aspects[J]. Journal of Materials Chemistry A,2021,9：17643-17700.

[91] CHEN H C, QINA Y L, CAO H J, et al. Synthesis of amorphous nickel-cobalt-manganese hydroxides for supercapacitor-battery hybrid energy storage system[J]. Energy Storage Mater,2019,17：194-203.

[92] MAILE N C, MOZTAHIDA M, GHANI A A, et al. Electrochemical synthesis of binder-free interconnected nanosheets of Mn-doped Co_3O_4 on Ni foam for high-performance electrochemical energy storage application [J]. Chemical Engineering. Journal,2021,421：129767.

[93] JEONG J M, PARK S H, PARK H J, et al. Alternative-ultrathin assembling of exfoliated manganese dioxide and nitrogen-doped carbon layers for high-mass-loading supercapacitors with outstanding capacitance and impressive rate capability [J]. Adv. Funct. Mater. , 2021, 31：2009632.

[94] DU Y Q, LI G Y, YE L, et al. Sandwich-like Ni-Zn hydroxide nanosheets vertically aligned on reduced graphene oxide via MOF templates towards boosting supercapacitive performance [J]. Chemical Engineering. Journal,2021,417：129189.

[95] SHI Y M, LI M Y, YU Y F, et al. Recent advances in nanostructured transition metal phosphides：synthesis and energy-related applications

[J]. Energy & Environmental Science,2020,13: 4564-4582.

[96] XU F,XIA Q,DU G P,et al. Coral-like Ni$_2$P@C derived from metal-organic frameworks with superior electrochemical performance for hybrid supercapacitors[J]. Electrochimica Acta,2021,380: 138200.

[97] ZHOU K, ZHOU W J, YANG L, et al. Ultrahigh - performance pseudocapacitor electrodes based on transition metal phosphide nanosheets array via phosphorization: a general and effective approach [J]. Advanced. Functional. Materials. ,2015,25: 7530-7538.

[98] CHEN H C,JIANG S P,XU B H,et al. Sea-urchin-like nickel-cobalt phosphide/phosphate composites as advanced battery materials for hybrid supercapacitor[J]. Journal of Materials Chemistry A, 2019, 7: 6241-6249.

[99] LI K Z,ZHAO B C,ZHANG H,et al. 3D porous honeycomb-like CoN-Ni$_3$N/N-C nanosheets integrated electrode for high - energy - density flexible supercapacitor [J]. Advanced. Functional. Materials, 2021, 31: 2103073

[100] ZHENG Z, RETANA M, HU X B, et al. Three - dimensional cobalt phosphide nanowire arrays as negative electrode material for flexible solid-state asymmetric supercapacitors[J]. ACS Applied Materials & Interfaces,2017,9: 16986-16994

[101]GAYATHRI S,ARUNKUMAR P,HAN J H,et al. Scanty graphene-driven phase control and heteroatom functionalization of ZIF-67-derived CoP-draped N - doped carbon/graphene as a hybrid electrode for high - performance asymmetric supercapacitor [J]. Journal of Colloid and Interface Science,2021,582: 1136-1148.

[102]HUA Y M,LIU M C,YANG Q Q,et al. Facile synthesis of high electrical conductive CoP via solid-state synthetic routes for supercapacitors[J]. Journal of Energy Chemistry,2017,26: 49-55.

[103] WEI X J,SONGY Z,SONG L X,et al. Phosphorization engineering on metal - organic frameworks for quasi - solid - state asymmetry supercapacitors[J]. Small,2021,17: 2007062.

[104]DING L,ZHANG K X,CHEN L,et al. Formation of three-dimensional

hierarchical pompon – like cobalt phosphide hollow microspheres for asymmetric supercapacitor with improved energy density [J]. Electrochimica Acta,2019,299：62-71.

[105] HU W X, CHEN L, WU X, et al. Slight zinc doping by an ultrafast electrodeposition process boosts the cycling performance of layered double hydroxides for ultralong – life – span supercapacitors [J]. ACS Applied Materials & Interfaces,2021,13：38346-38357.

[106] LIU C L,BAI Y,WANG J,et al. Controllable synthesis of ultrathin layered transition metal hydroxide/zeolitic imidazolate framework – 67 hybrid nanosheets for high-performance supercapacitors[J]. Journal of Materials Chemistry A,2021,9：11201-11209.

[107] FAN F R, WANG R X, ZHANG H, et al. Chem. emerging beyond – graphene elemental 2D materials for energy and catalysis applications[J]. Chemical Society Reviews,2021,50：10983.

[108] ZHANG X M,WU A P,WANG X W,Porous NiCoP nanosheets as efficient and stable positive electrodes for advanced asymmetric supercapacitors [J]. Journal of Materials Chemistry A,2018,6：17905-17914.

[109] LI Z X,MI H Y,GUO F J,et al. Oriented nanosheet–aassembled CoNi– LDH cages with efficient ion diffusion for quasi – solid – state hybrid supercapacitors[J]. Inorganic Chemistry,2021,60：12197-12205.

[110] HUA S, QIAO P Z, ZHANG L P, et al. Assembly of TiO_2 ultrathin nanosheets with surface lattice distortion for solar – light – driven photocatalytic hydrogen evolution [J]. Applied Catalysis B：Environmental,2018,229：317-323.

[111] WAN S Y, LIU Q M, CHENG M, et al. Binary – metal Mn_2SnO_4 nanoparticles and Sn confined in a cubic frame with N–doped carbon for enhanced lithium and sodium storage[J]. ACS Appl. Mater. Interfaces,2021,13：38278-38288.

[112] LI F G,ZHENG M J,YOU Y X,et al. Hierarchical hollow bimetal oxide microspheres synthesized through a recrystallization mechanism for high–performance lithium – ion batteries. ChemElectrochem, 2020, 7：3468 – 3477.

[113] LIU Z Y, WU A P, YAN H J, et al. An effective "precursor - transformation" route toward the high-yield synthesis of ZIF-8 tubes[J]. Chem. Commun. ,2020,56: 2913-2916.

[114] SHEN L F, YU L, YU X Y, et al. Self templated formation of uniform $NiCo_2O_4$ hollow spheres with complex interior structures for lithium-ion batteries and supercapacitors[J]. Angew. Chem. , 2015, 127: 1888-1892.

[115] PAN A Q, ZHU T, WU H B, et al. Template-free synthesis of hierarchical vanadium-glycolate hollow microspheres and their conversion to V_2O_5 with improved lithium storage capability. Chem. Eur. J. , 2013, 19: 494-500.

[116] GUO H, WU A P, XIE Y, et al. 2D porous molybdenum nitride/cobalt nitride heterojunction nanosheets with interfacial electron redistribution for effective electrocatalytic overall water splitting[J]. J. Mater. Chem. A, 2021,9: 8620-8629.

[117] HU E L, NING J Q, ZHAO D, et al. A room-temperature postsynthetic ligand exchange strategy to construct mesoporous Fe-doped CoP hollow triangle plate arrays for efficient electrocatalytic Water Splitting [J]. Small,2018,14: 1704233.

[118] GU Y, WU A P, JIAO Y Q, et al. Two-dimensional porous molybdenum phosphide/nitride heterojunction nanosheets for pH-universal hydrogen evolution reaction [J]. Angewandte. Chemie. International Edition, 2021,60: 6673-6681.

[119] LIN T C, SESHADRI G, KELBER J A, et al. A consistent method for quantitative XPS peak analysis of thin oxide films on clean polycrystalline iron surfaces[J]. Appl. Surf. Sci. ,1997,119: 83-92.

[120] GE G, LIU M, LIU C, et al. Ultrathin FeOOH nanosheets as an efficient cocatalyst for photocatalytic water oxidation[J]. J. Mater. Chem. A, 2019,7: 9222-9229.

[121] DANG T, WEI D H, ZHANG G Q, et al. Homologous NiCoP/CoP hetero-nanosheets supported on N-doped carbon nanotubes for high-rate hybrid supercapacitors[J]. Electrochim. Acta,2020,341: 135988.

[122]XING H N,LONG G K,ZHENG J M,et al. Interface engineering boosts electrochemical performance by fabricating CeO$_2$ @ CoP Schottky conjunction for hybrid supercapacitors[J]. Electrochim. Acta, 2020, 337: 135817.

[123]JIN Y H,ZHAO C C,JIANG Q L,et al. Hierarchically mesoporous micro/nanostructured CoP nanowire electrodes for enhanced performance supercapacitors[J]. Colloid Surf. A,2018,553: 58-65.

[124] CHENG M, FANA H S, XUC Y Y, et al. Hollow Co$_2$P nanoflowers assembled from nanorods for ultralong cycle–life supercapacitors[J]. Nanoscale,2017,9: 14162-14171.

[125]XIANG K,XU Z C,QU T T,et al. Two dimensional oxygen-vacancy-rich Co$_3$O$_4$ nanosheets with excellent supercapacitor performances[J]. Chem. Commun. ,2017,53: 12410-12413.

[126]AUGUSTYN V, SIMON P, DUNN B, et al. Pseudocapacitive oxide materials for high – rate electrochemical energy storage [J]. Energy Environ. Sci. ,2014,7: 1597-1614.

[127] HUANGY X, WANG Z H, M R GUAN, et al. Toward rapid–charging sodium-ion batteries using hybrid–phase molybdenum sulfide selenide–based anodes[J]. Adv. Mater. ,2020,32: 2003534

[128] MANIKANDAN R, RAJ C J, NAGARAJU G, et al. Selenium enriched hybrid metal chalcogenides with enhanced redox kinetics for high-energy density supercapacitors[J]. Chem. Eng. J. ,2021,414: 128924.

[129]CHAO D L,ZHU C R,YANG P H,et al. Array of nanosheets render ultrafast and high-capacity Na-ion storage by tunable pseudocapacitance[J]. Nat. Commun. ,2016,7: 12122

[130]SUN L,FU Y,TIAN C G,et al. Isolated boron and ntrogen sites on porous graphitic carbon synthesized from nitrogen – containing chitosan for supercapacitors[J]. ChemSusChem,2014,7: 1637-1646.

[131]ZHANG Q, ZHANG W B, HE P, et al. CoP nanoprism arrays: pseudocapacitive behavior on the electrode – electrolyte interface and electrochemical application as an anode material for supercapacitors[J]. Applied Surface Science,2020,527: 146682.

[132] WANG W W, ZHANG L, XU G C, et al. Structure-designed synthesis of CoP microcubes from metal - organic frameworks with enhanced supercapacitor properties[J]. Inorg. Chem. ,2018,57: 10287-10294.

[133] GU J L, SUN L, ZHANG Y X, et al. MOF-derived Ni-doped CoP@C grown on CNTs for high-performance supercapacitors[J]. Chem. Eng. J. ,2020,385: 123454.

[134] WANG H Y, ZHU Y L, ZONG Q, et al. Hierarchical NiCoP/Co(OH)$_2$ nanoarrays for high-performance asymmetric hybrid supercapacitorsP[J]. Electrochim. Acta,2019,321: 134746.

[135] LIN Y, SUN K A, LIU S J, et al. Construction of CoP/NiCoP nanotadpoles heterojunction interface for wide pH hydrogen evolution electrocatalysis and supercapacitor[J]. Adv. Energy Mater. ,2019,9: 1901213.

[136] XU Z Y, DU C C, YANG H K, et al. NiCoP@CoS tree-like core-shell nanoarrays on nickel foam as battery-type electrodes for supercapacitors [J]. Chem. Eng. J. ,2021,421: 127871.

[137] LUO Y T, ZHANG Z Y, CHHOWALLA M, et al. Recent advances in design of Electrocatalysts for high-current-density water splitting[J]. Advanced Materials,2021,9: 2108133.

[138] CHIA X Y, PUMERA M. Characteristics and performance of two - dimensional materials for electrocatalysis[J]. Nature Catalysis,2018,1: 909-921.

[139] SEH Z W, KIBSGAARD J, DICKENS C F, et al. Better living through water-splitting[J]. Science,2017,355(6321): 1-12.

[140] LUNA P D, HAHN C, HIGGINS D, et al. What would it take for renewably powered electrosynthesis to displace petrochemical processes [J]. Science,2019,364(6438): 1-12.

[141] LIU D B, LI X Y, CHEN S M, et al. Atomically dispersed platinum supported on curved carbon supports for efficient electrocatalytic hydrogen evolution[J]. Nature Energy,2019,4: 512-518.

[142] CAO X J, HUO J J, LI L, et al. Recent advances in engineered Ru-based electrocatalysts for the hydrogen/oxygen conversion reactions[J]. Adv. Energy Mater. 2022,12: 2202119.

[143]XU L,JIANG Q Q,XIAO Z H, et al. Plasma-engraved Co_3O_4 nanosheets with oxygen vacancies and high surface area for the oxygen evolution reaction[J]. Angewandte Chemie International Edition,2016,55: 5277-5281.

[144]WANG B,TANG C,WANG H F,et al. A nanosized CoNi hydroxide@ hydroxysulfide core-shell heterostructure for enhanced oxygen evolution [J]. Advanced Materials,2019,31: 1805658.

[145]YANG L J,YU J Y,WEI Z Q,et al. Co-N-doped MoO_2 nanowires as efficient electrocatalysts for the oxygen reduction reaction and hydrogen evolution reaction[J]. Nano Energy,2017,41: 772-779.

[146]WU Y H,HE H W. Direct-current electrodeposition of Ni-S-Fe alloy for hydrogen evolution reaction in alkaline solution[J]. International Journal of Hydrogen Energy,2018,43(4): 1989-1997.

[147]TURNER J A. Sustainable hydrogen production[J]. Science. 2004,305: 972-974.

[148]SEH Z W,KIBSGAARD J,DICKENS,C F,et al. Combining theory and experiment in electrocatalysis: Insights into materials design [J]. Science. 2017,355: eaad 4998.

[149]YU Z Y,DUAN Y,FENG X Y,et al. Clean and affordable hydrogen fuel from alkaline water splitting: past,recent progress,and future prospects [J]. Adv. Mater. 2021,33: 2007100.

[150]JIAO Y,ZHENG Y,JARONIEC M,et al. Design of electrocatalysts for oxygen- and hydrogen-involving energy conversion reactions[J]. Chem. Soc. Rev. 2015,44: 2060-2086.

[151]LIU Q,SUN S J,ZHANG L C,et al. P,N,O-doped carbon foam as metal-free electrocatalyst for efficient hydrogen production form seawater[J]. Nano Res. 2022,15: 8922-8927.

[152]ZHANG S,XU L S,WU J K,et al. Femtosecond laser micro-nano processing for boosting bubble releasing of gas evolution reactions[J]. Nano Res. 2022,15: 1672-1679.

[153]WANG J,GAO Y,KONG H,et al. Non-precious-metal catalysts for alkaline water electrolysis: operando characterizations, theoretical

calculations, and recent advances[J]. Chem. Soc. Rev. 2020,49: 9154 -9196.

[154] YANG Q, LIU H X, YUAN P, et al. Single carbon vacancy traps atomic platinum for hydrogen evolution catalysis[J]. J. Am. Chem. Soc. 2022, 144: 2171-2178.

[155] YU J, HE Q J, YANG G M, et al. Recent advances and prospective in ruthenium-based materials for electrochemical water splitting[J]. ACS Catal. 2019,9: 9973-10011.

[156] CAO X J, HUO J J, LI L, et al. Recent advances in engineered Ru-based electrocatalysts for the hydrogen/oxygen conversion reactions[J]. Adv. Energy Mater. ,2022,2202119.

[157] ZHANG L J, CAI W W, BAO N Z, et al. Top-level design strategy to construct an advanced high-entropy Co-Cu-Fe-Mo(Oxy) hydroxide electrocatalyst for the oxygen evolution reaction[J]. Adv. Mater. 2021, 33: 2100745.

[158] WANG M H, LOU Z X, WU X F, et al. Operando high-valence Cr-modified NiFe hydroxides for water oxidation [J]. Small. 2022, 18: 2200303.

[159] QI L, ZHENG, Z Q, XING C Y, et al. 1D nanowire heterojunction electrocatalysts of $MnCo_2O_4/GDY$ for efficient overall water splitting[J]. Adv. Funct. Mater. 2022,32: 2107179.

[160] HU F, YU D S, YE M, et al. Lattice-matching formed mesoporous transition metal oxide heterostructures advance water splitting by Active Fe-O-Cu Bridges[J]. Adv. Energy Mater. 2022,12: 2200067.

[161] ZHANG L C, WANG J Q, LIU P Y, et al. $Ni(OH)_2$ nanoparticles encapsulated in conductive nanowire array for high-performance alkaline seawater oxidation[J]. Nano Res. 2022,15: 6084-9090.

[162] QIU Y L, ZHOU J, LIU Z Q, et al. Solar-driven photoelectron injection effect on $MgCo_2O_4@WO_3$ core-shell heterostructure for efficient overall water splitting[J]. Appl. Surface Sci. 2022,578: 152049.

[163] WU A P, XIE Y, MA H, et al. Integrating the active OER and HER components as the heterostructures for the efficient overall water splitting

[J]. Nano Energy. 2018,44: 353-363.

[164]ZHOU P,LV X S,XING D N,et al. High-efficient electrocatalytic overall water splitting over vanadium doped hexagonal $Ni_{0.2}Mo_{0.8}N$[J]. Appl. Catal. B Environ. 2020,263: 118330.

[165]DONG X,JIAO Y Q,YANG G C,et al. One-dimensional $Co_9S_8-V_3S_4$ heterojunctions as bifunctional electrocatalysts for highly efficient overall water splitting[J]. Sci. China. Mater. 2021,64: 1396-1407.

[166]WANG G J,SUN Y Z,ZHAO Y D,et al. Phosphorus-induced electronic structure reformation of hollow $NiCo_2Se_4$ nanoneedle arrays enabling highly efficient and durable hydrogen evolution in all-pH media[J]. Nano Res. 2022,15: 8771-8782.

[167]QIU Y L,LIU Z Q,ZHANG X Y,et al. Controllable atom implantation for achieving coulomb-force unbalance toward lattice distortion and vacancy construction for accelerated water splitting[J]. J. Colloid Interf. Sci. 2022,610: 194-201.

[168]SONG H Q,YU J K,TANG Z Y. Halogen-doped carbon dots on amorphous cobalt phosphide as robust electrocatalysts for overall water splitting[J]. Adv. Energy Mater. 2022,12: 2102573.

[169]JIAO Y Q,YAN H J,WANG R H,et al. Porous plate-like MoP assembly as an efficient pH-universal hydrogen evolution electrocatalyst[J]. ACS Appl. Mater. Interfaces. 2020,12: 49596-49606.

[170]WU A P,GU Y,YANG B R. Porous cobalt/tungsten nitride polyhedra as efficient bifunctional electrocatalysts for overall water splitting[J]. J. Mater. Chem. A. 2020,8: 22938-22946.

[171]HAN H,QIU Y L,ZHANG H,et al. Lattice-disorder layer generation from liquid processing at room temperature with boosted nanointerface exposure toward water splitting[J]. Sustainable Energy Fuels, 2022,6: 3008-3013.

[172]FENG G,HE J Q,WANG H W,et al. Te-mediated electro-driven oxygen evolution reaction[J]. Nano Res. Energy. 2022,DOI: 10. 26599/NRE. 2022. 9120029.

[173]HEI J C,XU G C,WEI B,et al. NiFeP nanosheets on N-doped carbon

sponge as a hierarchically structured bifunctional electrocatalyst for efficient overall water splitting[J]. Appl. Surf. Sci. 2021,549: 149297.

[174] LI A,ZHANG L,WANG F Z,et al. Rational design of porous Ni-Co-Fe ternary metal phosphides nanobricks as bifunctional electrocatalysts for efficient overall water splitting [J]. Appl. Catal. B Environ. 2022, 310: 121353.

[175] SUN S F,ZHOU X,CONG B W,et al. Tailoring the d-band centers endows (Ni_xFe_{1-x})2P nanosheets with efficient oxygen evolution catalysis [J]. ACS Catal. 2020,10: 9086-9097.

[176] DUAN Z X,ZHAO D P,SUN Y C,et al. Bifunctional Fe-doped CoP@ Ni_2P heteroarchitectures for high-efficient water electrocatalysis [J]. Nano Res. 2022,15: 8865-8871

[177] PAN Y,SUN K A,LIN Y,et al. Electronic structure and d-band center control engineering over M-doped CoP (M = Ni, Mn, Fe) hollow polyhedron frames for boosting hydrogen production[J]. Nano Energy. 2019,56: 411-419.

[178] WEN S T,CHEN G L,CHEN W,et al. Nb-doped layered FeNi phosphide nanosheets for highly efficient overall water splitting under high current densities[J]. J. Mater. Chem. A. 2021,9: 9918-9926.

[179] WU Y Q,TAO X,QING Y,et al. Cr-doped FeNi-P nanoparticles encapsulated into N-doped carbon nanotube as a robust bifunctional catalyst for efficient overall water splitting [J]. Adv. Mater. 2019, 31: 1900178.

[180] YE C,ZHANG L C,YUE L C,et al. NiCo LDH nanosheet array on graphite felt: an efficient 3D electrocatalyst for the oxygen evolution reaction in alkaline media[J]. Inorg. Chem. Front. ,2021,8: 3162-3166.

[181] ZHANG L C,LIANG J,YUE L C,et al. Benzoate anions-intercalated NiFe-layered double hydroxide nanosheet array with enhanced stability for electrochemical seawater oxidation[J]. Nano Res. Energy,2022,DOI: 10. 26599/NRE. 2022. 9120028.

[182] LI R Q,WANG B L,GAO T,et al. Monolithic electrode integrated of

ultrathin NiFeP on 3D strutted graphene for bifunctionally efficient overall water splitting[J]. Nano Energy. 2019,58: 870-876.

[183] ZHAO T W,SHEN X J,WANG Y,et al. In situ reconstruction of V-doped Ni_2P pre-catalysts with tunable electronic structures for water oxidation [J]. Adv. Funct. Mater. 2021,2100614.

[184] LIU T T,LIU D N,QU F L,et al. Enhanced electrocatalysis for energy-efficient hydrogen production over CoP catalyst with nonelectroactive Zn as a promoter[J]. Adv. Energy. Mater. 2017,7: 1700020.

[185] WANG X Y,XIE Y,ZHOU W,et al. The self-supported Zn-doped CoNiP microsphere/thorn hierarchical structures as efficient bifunctional catalysts for water splitting[J]. Electrochim. Acta. 2020,339: 135933.

[186] CHEN B,KIM D,ZHANG Z,et al. MOF-derived NiCoZnP nanoclusters anchored on hierarchical N-doped carbon nanosheets array as bifunctional electrocatalysts for overall water splitting[J]. Chem. Eur. J. 2021,422, 130533.

[187] CAI Z C,WU A P,YAN H J,et al. Zn-doped porous CoNiP nanosheet arrays as efficient and stable bifunctional electrocatalysts for overall water splitting[J]. Energy. Technol. 2020,8: 1901079.

[188] GONG M,LI Y G,WANG H L,et al. An advanced Ni-Fe layered double hydroxide electrocatalyst for water oxidation[J]. J. Am. Chem. Soc. 2013,135: 8452-8455.

[189] QU M J,JIANG Y M,YANG M,et al. Regulating electron density of NiFe -P nanosheets electrocatalysts by a trifle of Ru for high-efficient overall water splitting[J]. Appl. Catal. B Environ. 2020,263: 118324.

[190] QIAN M M,CUI S S,JIANG D C,et al. Highly efficient and stable water-oxidation electrocatalysis with a very low overpotential using FeNiP substitutional-solid-solution nanoplate arrays[J]. Adv. Mater. 2017, 29: 1704075.

[191] LIN Y,ZHANG M L,ZHAO L X,et al. Ru doped bimetallic phosphide derived from 2D metal organic framework as active and robust electrocatalyst for water splitting [J]. Appl. Surf. Sci. 2021, 536: 147952.

[192] DU X C,HUANG J W,ZHANG J J,et al. Modulating electronic structures of inorganic nanomaterials for efficient electrocatalytic water splitting[J]. Angew. Chem. Int. Ed. 2019,58,4484-4502.

[193] LIANG H F,GANDI A N,XIA C,et al. Amorphous NiFe-OH/NiFeP electrocatalyst fabricated at low temperature for water oxidation applications[J]. ACS Energy. Lett. 2017,2：1035-1042.

[194] YANG G C,JIAO Y Q,YAN H J,et al. Interfacial engineering of MoO2-FeP heterojunction for highly efficient hydrogen evolution coupled with biomass electrooxidation[J]. Adv. Mater. 2020,32：2000455.

[195] MA F X,XU C Y,LIU F C,et al. Construction of FeP hollow nanoparticles densely encapsulated in carbon nanosheet frameworks for efficient and durable electrocatalytic hydrogen production [J]. Adv. Sci. 2019, 6：1801490.

[196] CAI Z C,WU A P,YAN H J,et al. Hierarchical whisker-on-sheet NiCoP with adjustable surface structure for efficient hydrogen evolution reaction [J]. Nanoscale. 2018,10：7619-7629.

[197] HUANG Z F,SONG J J,DU Y H,et al. Chemical and structural origin of lattice oxygen oxidation in Co - Zn oxyhydroxide oxygen evolution electrocatalysts[J]. Nat. Energy. 2019,4：329-338.

[198] SUN L,XIE Z B,WU A P,et al. Hollow CoP spheres assembled from porous nanosheets as high-rate and ultra-stable electrodes for advanced supercapacitors[J]. J. Mater. Chem. A. 2021,9：26226-26235.

[199] LIN T C, SESHADRI G, KELBER J A. A consistent method for quantitative XPS peak analysis of thin oxide films on clean polycrystalline iron surfaces[J]. Appl. Surf. Sci. 1997：119,83-92.

[200] HE W J,LIU H,CHENG J N,et al. Designing Zn-doped nickel sulfide catalysts with an optimized electronic structure for enhanced hydrogen evolution reaction[J]. Nanoscale. 2021,13,10127-10132.

[201] LEE Y J,PARK S K. Metal-organic framework-derived hollow CoS_x nanoarray coupled with NiFe layered double hydroxides as efficient bifunctional electrocatalyst for overall water splitting[J]. Small. 2022, 18：2200586.

［202］FENG H P, TANG L, ZENG G M, et al. Electron density modulation of $Fe_{1-x}Co_xP$ nanosheet arrays by iron incorporation for highly efficient water splitting［J］. Nano Energy. 2020,67: 104174.

［203］DING L, LI K, XIE Z Q, et al. Constructing ultrathin W－doped NiFe nanosheets via facile electrosynthesis as bifunctional electrocatalysts for efficient water splitting［J］. ACS Appl. Mater. Interfaces. 2021, 13: 20070-20080.

［204］GENG B, YAN F, ZHANG X, et al. Conductive CuCo－based bimetal organic framework for efficient hydrogen evolution［J］. Adv. Mater. 2021,33: 2106781.

［205］YAN H J, XIE Y, WU A P, et al. Anion－modulated HER and OER activities of 3D Ni-V－based interstitial compound heterojunctions for high －efficiency and stable overall water splitting［J］. Adv. Mater. 2019, 31: 1901174.

［206］ZOU X X, ZHANG Y. Noble metal－free hydrogen evolution catalysts for water splitting［J］. Chem. Soc. Rev. 2015,44: 5148-5180.

［207］LIU B, ZHAO Y F, PENG H Q, et al. Nickel－cobalt diselenide 3D mesoporous nanosheet networks supported on Ni foam: an all－pH highly efficient integrated electrocatalyst for hydrogen evolution［J］. Adv. Mater. 2017,29: 1606521.

［208］ZHENG Y, JIAO Y, ZHU Y H, et al. Hydrogen evolution by a metal－free electrocatalyst［J］. Nat. Commun. 2014,5: 3783.

［209］RYU J, JUNG N, JANG J H, et al. In situ transformation of hydrogen－ evolving CoP nanoparticles: toward efficient oxygen evolution catalysts bearing dispersed morphologies with Co-oxo/hydroxo molecular units［J］. ACS Catal. 2015,5: 4066-4074.